地下水保护与合理利用

龚 斌 编著

北 京

冶金工业出版社

2014

内 容 简 介

本书以德国巴伐利亚州的地下水保护与合理利用为样板,来论述我国西北地区和渤海湾地区地下水保护和合理利用的问题;特别针对地下水含水层上覆盖层的破坏和盖层土壤被污染致使地下水污染的问题及地下水的合理利用寻找解决途径。

本书可供从事水文地质和环境保护等相关专业的科研和技术人员使用,也可供相关高等院校师生、企事业单位的专业人员参考。

图书在版编目(CIP)数据

地下水保护与合理利用/龚斌编著. —北京:冶金工业出版社,2013.3 (2014.1 重印)
ISBN 978-7-5024-6191-1

Ⅰ.①地… Ⅱ.①龚… Ⅲ.①地下水资源—资源保护—研究 ②地下水资源—水资源利用—研究
Ⅳ.①P641.8

中国版本图书馆 CIP 数据核字(2013)第 041334 号

出 版 人 谭学余
地　　址 北京北河沿大街嵩祝院北巷 39 号,邮编 100009
电　　话 (010)64027926 电子信箱 yjcbs@cnmip.com.cn
责任编辑 杨盈园 美术编辑 彭子赫 版式设计 孙跃红
责任校对 禹 蕊 责任印制 牛晓波
ISBN 978-7-5024-6191-1
冶金工业出版社出版发行;各地新华书店经销;北京慧美印刷有限公司印刷
2013 年 3 月第 1 版,2014 年 1 月第 2 次印刷
169mm×239mm;12.5 印张;245 千字;189 页
32.00 元
冶金工业出版社投稿电话:(010)64027932 投稿信箱:tougao@cnmip.com.cn
冶金工业出版社发行部 电话:(010)64044283 传真:(010)64027893
冶金书店 地址:北京东四西大街 46 号(100010) 电话:(010)65289081(兼传真)
(本书如有印装质量问题,本社发行部负责退换)

序

　　为了翻译德国巴伐利亚州环保部水务司司长 M. Grambow 博士的《水资源综合管理》这本书，我于 2007 年 8 月专访了巴伐利亚州的水资源管理工作。位于欧洲阿尔卑斯山前地区的巴伐利亚州水环境和生态环境质量的高标准真是令人羡慕，地面上见不到污水，凡是能看得到的水都是干净的。特别是地下水，不用任何处理，从地下抽取出来就可以直接饮用。巴伐利亚州饮用水的95%都取自地下水，对地下水的管理利用和保护工作做得特别好，应该是我们的样板。针对当前我国地下水利用的不合理和污染严重的情况，我们水文地质工作者有义务、有责任迅速地改变我国地下水环境状况，让从数量上比地表水大近百倍的地下水在经济和社会发展中发挥出真正的作用，使地下水能达到可持续的利用和更好的保护。

　　在本书中，作者特别把有特色的渤海湾地区大、小凌河冲洪积扇平原区的地下水及西北缺水地区的酒泉盆地的地下水的合理利用和保护与巴伐利亚州的地下水保护相对比，提出了工作重点和一些建议。我认为本书作者的看法是正确的，值得这两个地区及我国的其他相关地区参考和应用，至少会起到抛砖引玉的作用，使我国地下水工作能进一步做好。

　　本书介绍了世界水资源的基本概况，重点提到淡水资源的数量关系，很少人知道地球上的河流和湖泊水占总水量的 0.0072%，而地球上的地下水却占总水量的 0.76%，地下水的总量比地表水的总量几乎大 100 倍。从这种数量关系来看，人类没有理由不去很好地利用地下水和保护地下水。这也是本书的一大重点，要提醒人们，特别是领导者和专业工作者要重视地下水方面的工作，至少应该与地表水一样积极地开展一系列的保护工作。

地下水的保护，特别是地下水水源地的保护，一定要靠保护带的保护。地下水水源地的Ⅰ-Ⅲ带保护带的设定是科学的，是有理论根据的。因此，所有的水源地都要设定保护带，并在地面设有明显的标志，要有明确规定在各保护带不应存在的危险。在这方面，我国个别地下水水源地还没有做到，地下水的污染很可能由此促成。

地下水水质比地表水好的根本原因是它受到了地层的保护，特别是冲洪积平原区的地下水水质格外的好，其原因是冲洪积扇具有二元结构，即深层的粗颗粒物质（砂、砾）可以储存地下水，而表层的细颗粒物质（黏土、亚黏土）可以保护地下水。在巴伐利亚州地下水保护中，特别强调地下水含水层的盖层保护，要保护表层土壤免受污染，不能挖出和减少其厚度。在我国，对地下水受盖层的保护没有受到重视，如渤海湾地区大、小凌河冲积扇的表面土壤层被农田灌溉网络揭露或变薄，局部污染的土壤对地下水造成最严重的侵害。2000年，德国的 L. Krapp 教授视察渤海湾地区水源地时特别强调提出了这一点，这又涉及水源地的土壤免受污染和保护的问题，例如农田污水灌溉、施肥和农药都会对地下水造成侵害。酒泉盆地地下水水质较好，主要是由于地下水埋藏深，盖层（包气带）厚度大所致。

本书作者龚斌博士多年从事水文地质和地下水生态方面的研究，理论扎实、经验丰富。作者在本书中提出的一些建议和工作要点都很准确，我认为本书的出版对今后我国的地下水保护和合理利用工作会起到一定的推动作用，特别希望水文地质和环境保护工作者们在本书的启发下，为我国地下水资源的保护和合理利用作出贡献。

赫英臣　教授

2012 年 4 月 8 日

前　言

编写本书，实际上是我对地下水保护与合理利用方面的知识和工作经验的学习总结过程。为了编写好这本书，我除了认真研究了德国巴伐利亚州的地下水保护和合理利用的经验之外，还收集了其他一些国家如美国、英国、前苏联等许多国家在这方面的资料，同时又查阅了我国许多地区在地下水方面的相关资料。筛选出我国今后要加强地下水保护和合理利用方面可实施的典型样板，即以渤海湾地区和西北干旱地区的地下水保护和合理利用为实例进行讨论研究，最后引领出我国将来在地下水可持续保护过程中以及合理地加强开发利用方面应采取的对策，让地下水这种可再生的自然资源为我们的子孙后代造福，为社会发展作出贡献。

本书着重叙述了世界范围内水资源的数量关系，特别是地下水资源量占据着全球淡水资源量很重要的部分，从而让我们认识到对地下水保护和合理开发利用的重要意义，以及当前水资源现状和利用方面存在的主要问题；介绍了位于欧洲阿尔卑斯山前地区的德国巴伐利亚州的地下水，巴伐利亚州是世界上地下水数量最多、水质最好，也是地下水保护最好、管理最好的地方。巴伐利亚州的地下水是饮用水的主要水源，占95%以上，同时在工农业生产中也占据着重要位置。我们从该章节会全面地了解到巴伐利亚州对地下水的可持续保护和合理利用的技术方法和工作经验，从而可启发我们怎样能更好地从事这方面的工作；以中国渤海湾地区的地下水赋存特征为实例，提出对地下水可持续保护和合理利用的建议，以便与渤海湾地区具有类似地下水特征的地方参考借鉴，使各地区共同把地下水工作做好；书中还介绍了我国西北干旱地区的地下水特征，针对严重缺水的状态，建议应把地下水优先用于饮用水供应，特别要把酒泉盆地地质条件较好、储量较大的地下水，以远程供水方式广泛地用于西北地区城市和农村的饮用水供应。同时，还建议酒钢的生产用水和该地区的农业灌溉用水要取用地表水，把地下水节省出来支援城市饮用水供应；书中谈到了世界上一些国家和我国的一些地方的地下水保护和合理利用方面的一些经验和具体做法，通过调查查清了地下水中的主要污染源和污染物，并采取相应对策来保护地下水。同时，还提到针对地下水的利用出现的重大问题，例如过量开采地下水引起的地面沉降、海水入侵、含水层疏干等，采取的有力措施和解决的经验。书的最后提出了今后地下水保护和合理利用方面的基本对策，这都是我国各地区对地下水保护取得了显著成效的实践经验。针对地下水保护和利用出现的不同问题，我们相信在这些对策中能找到相对应的解决方案。这些对策经实践考验后将成为我国地下水可持续保护和合理利用的基本纲领来指导地下水的管理工作。

在赫英臣教授的热心指导和帮助下，我圆满地完成了这本书的编写，在此要特别感谢他。同时，还要感谢中国环境科学研究院的院领导和生态所领导给予的极大支持，也要感谢在本书编写过程中给予了我很大帮助的白利平、李军成、李庆旭、王凤玉、盛秀荣、刘伟玲、张继平、吴志丰、齐月、李芬等同事及朋友们。

我希望本书的出版能对相关专业的科研工作者在今后的地下水管理和保护工作上有所借鉴参考，在水资源合理开发利用方面作出一点贡献，这将是一件令人十分欣慰的事情。衷心地希望该书能在我国各地区的地下水工作中起到抛砖引玉和一定的推动作用。

由于作者水平有限，书中难免有不足之处，敬请各位专家和读者给予指正。

龚　斌

2012 年 9 月 6 日

目　　录

1 全球水资源与地下水的基本概况

人类生存和生产都离不开水，水是生命，也是自然界存在的基础。一提到水，人们都知道海洋、河流和湖泊的水，但许多人不太清楚地下水。从水资源管理方面，国家和地方对海洋、河流和湖泊的管理很重视，设立多种机构，有庞大的研究人员和管理人员；而对地下水的研究和管理似乎是很薄弱，很少人知道有什么部门或机构来管理和研究地下水。但从水的数量来看，地表水（河流和湖泊）仅占 0.0072%，而地下水占 0.76%（占全球水资源量）。地下水的数量比地表水要大上百倍，由此看来地下水的合理利用和保护应该被十分重视，至少从管理和研究上要与地表水公平对待，使地下水的利用和保护在经济发展和人类生存方面发挥重要作用，在这方面要以德国巴伐利亚州为榜样，使我们的地下水能充分被人类利用，并得到可持续的保护。

1.1 全球的水资源量

大家都知道地球 70% 的面积由地表水占据着，总体积约为 14 亿立方千米，大约为总水量的 97.5%，这些都是储存在海洋、盐湖和咸水湖里的咸水。淡水的体积只有 0.35 亿立方千米，只占 2.5%。而大部分淡水以永久冰或雪的形式封存在南极洲和格陵兰岛，或是埋藏很深的地下水，这部分水约占 1.78%。地下水总量约为 0.1 亿立方千米，仅占 0.76%（有的资料报道为 0.58%）。河流和湖泊总水量约为 0.092 km^3，约占 0.0072%（见表 1-1）。能被人类利用的水资源主要是湖泊、河流、土壤湿气和埋藏较浅的地下水盆地，这些水资源的可用部分仅为 20 万立方千米，不足淡水总量的 1%，仅为地球上水资源总量的 0.01%。

表 1-1 地球上各种水的储量情况

水 的 类 型		体积/km^3	占水总量的比例 /%	占总淡水的比例 /%
咸水	海洋	1.338×10^8	96.54	
	盐湖、含盐地下水	1.287×10^7	0.93	
	咸水湖	8.5×10^4	0.006	

水 的 类 型		体积/km³	占水总量的比例/%	占总淡水的比例/%
内陆水	冰川、永久雪盖层	2.4064×10^7	1.74	68.7
	地下水（淡）	1.053×10^7	0.76	30.06
	地表水和永冻带	3.0×10^5	0.022	0.86
	淡水湖	9.1×10^4	0.007	0.26
	土壤水	1.65×10^4	0.001	0.05
	大气水蒸气	1.29×10^4	0.001	0.04
	沼泽、湿地	1.15×10^4	0.001	0.03
	河流	2.12×10^3	0.0002	0.006
	生物体含水	1.12×10^3	0.0001	0.003
水总量		1.386×10^9	100	
总淡水量		3.5029×10^7		100

资料来源：Shiklomanov 1993.

图 1 - 1 所示的世界水资源分布中特别对淡水组成成分的数量给以明确的表

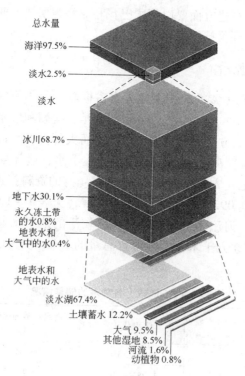

图 1 - 1   世界水资源分布
（资料来源：WWAP 2006，based on data from Shiklomanov and Rodda 2003.）

达,使人们能特别清楚的看到两大部分,一部分是占淡水总量68.7%的冰川,另一部分是占总量30.1%的地下水,其余的包括河流和湖泊在内的总计为0.4%。在图1-1中特别把这部分水的组成进行了更详细的分解。

各地区的降水、蒸发和径流量的循环如图1-2所示。每年海洋蒸发掉约50.5万立方千米的海水,相当于1.4m厚的水层,陆地表面每年还要蒸发7.2万立方千米的水。在降雨中每年有45.8万立方千米的水降到海洋里,占总降雨量的80%,其余的11.9万立方千米的降雨降到陆地,地表降雨量和蒸发量之差,即11.9-7.2=4.7万立方千米的水成为地表径流和地下水的补给量,其中地表径流流向河流,最后返回到海洋,其余的入渗补给地下水。从全球看,地表径流半数以上发生在亚洲和南北美洲,在南美洲很大一部分径流发生在同一条河——亚马逊河,它每年要带走6000km³的水。

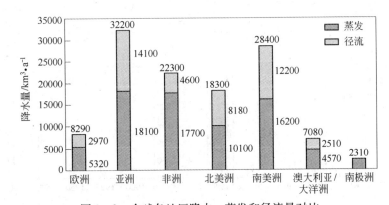

图1-2 全球各地区降水、蒸发和径流量对比

注:1. 柱高表示降水;深色区域表示蒸发,浅色区域表示径流,每年陆地上总降水量为119000km³,其中72000km³蒸发了,余下47000km³成为径流。
　　2. 地区不完全与GEO地区一致;径流包括流入地下水、内陆盆地的水流和北极的冰流。

(资料来源:Shiklomanov 1993.)

1.2 水资源的利用

水资源的利用主要包括以下三个方面。

(1)农业灌溉。70%的河流、湖泊和地下水都用于农业,主要是灌溉用水。30年前,灌溉的农田面积不到$2\times10^6km^2$,而在2000年已增至$2.7\times10^6km^2$,即水的使用量从0.25万立方千米增加到0.35万立方千米以上。这种情况下,在干旱和半干旱地区,全世界20%的灌溉土地已盐碱化,造成农作物明显减产。

如图1-3所示,预计到2025年,农业用水量将达到3200km³,在各行业用水量对比中也显示出农业用水量为最大,与经济发展有关的粮食生产至关重要。

(2)工业用水。重工业如钢铁工业、机器制造业,轻工业如纺织业、食品工业等都是用水量大的企业。如图 1-3 所示，1950 年的工业用水量刚超过 100km³，而到 1975 年为 200km³，已增长了一倍；2000 年又比 1975 年增长了一倍，工业用水量已达到 400km³，预计到 2025 年工业用水量将突破 600km³。

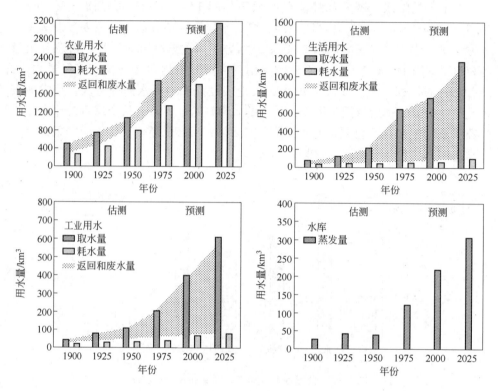

图 1-3　按部门划分的全球用水情况

(资料来源：UNEP/GRID-Arendal 2002，based on Shiklomanov and UNESCO 1999.)

（3）生活用水。生活用水量要比工业用水量大一倍以上，是农业用水量的一半以下。随着人口的增长，人民生活质量的提高，生活用水量急剧增加。如图 1-3 所示，1950 年生活用水量仅为 200 km³，而到 1975 年就增加到 600 km³ 以上，增长了 3 倍多，因为在这 25 年中世界人口增加的数量最大。到 2000 年只增长到 750 km³ 左右，因为在这期间人口增长得到控制，故涨幅不大。预测到 2025 年生活用水将增长到 1150 km³，有可能突破 1200 km³。

1.3　地下水

1.3.1　地下水的利用

约 1/3 的世界人口的生活用水，特别是饮用水，靠地下水供给，这部分人口数量大约在20亿以上。尤其是农村人口完全依赖地下水生活,每年要消耗全球淡水量的20%,约为$600 \sim 700 km^3$。

与地表水相比,人们对地下水知晓很少,故很少有人关注地下水的水量、水质、对地下水的管理和更好的应用,以及在地下水利用中引发的问题。但在欧洲,对地下水资源利用得较好,特别是在德国的巴伐利亚州,95%的饮用水供应来自地下水,而且是最好的水质,否则不会有世界上最著名的慕尼黑啤酒。

由于淡水资源中地下水的数量比地表水的数量大上百倍,故地下水的开发利用,特别在饮用水方面的利用有很大的潜力和更好的远景。在这方面,关于地下水资源的合理利用和保护问题已促使了国际团体、有关部门和一些国家的领导人的重视。例如,2000年3月召开的"第二届世界水论坛"建立了一个关于地下水的特别工作小组,这个小组提出的建议包括提高公众意识、改善信息质量和便于国家领导人、技术人员和政策制定者获取这些信息等多方面的意见(世界水联合会,2000年)。

1.3.2 地下水利用出现的问题

如果地下水的开采量长期大于补给量,地下水水位就会持续下降,在某种程度上会造成地下水含水层枯竭或引起地面沉降。在印度、中国、前苏联、西亚、美国西部和阿拉伯半岛都曾出现过这样的问题,从而使地下水的使用受到限制。

在沿海地区过度开采地下水会引起海水入侵,造成地下水质咸化而不能使用。例如,在印度的马德拉斯市,由于地下水位的强烈下降,盐水区向内陆侵入了10km,使许多地下水开采井不能使用。

1.3.3 地下水的污染

近年来工业、农业的发展,人口的增长促使用水量急剧增加,与此同时,污水量也同等的增加,许多污水不经处理直接排放到水域,致使水域直接污染,地下水间接污染。另外,农业大量使用的肥料和农药,在灌溉或渗入时使地下水直接受到污染,这种农业的面源污染对地下水的威胁是十分严重的,也是很难解决的问题。其他的污染类型和原因,以及主要污染物见表1-2。

表1-2 地下水的污染

污染类型	原　因	主　要　污　染　物
人为污染	由于对脆弱的水系保护不够,受到人为排放物和淋滤物的污染;城镇和工业行为;强化的农业种植	病原菌,硝酸盐,铵盐,氮硫化物,硼,重金属,DOC,芳香族化合物和含氯的碳、氢化合物,硝酸盐,氯,杀虫剂

续表 1-2

污染类型	原　　因	主 要 污 染 物
自发污染	与地下水酸碱度-电位演变和矿物质溶液有关（因人为污染和非控制的开采加剧）	主要是铁，有时还有砷、碘、锰、铝、镁、硫、硒和硝酸盐（来源于人为排放）
水源污染	因井的设计和建造缺陷使污染的地表水和浅层地下水进入井中	主要是病原菌

资料来源：Foster. Lawreace Morris 1998.

1.4　水资源的短缺

由于自然界给予人类的淡水资源是有限的，再加上人口的不断增加和经济的强劲发展，所以水资源短缺已是历史已久的事情。据统计，全球约有 1/3 的人生活在中度和高度缺水的地区，以下数据可表现出水资源短缺的程度。

（1）大约有 80 个国家，约为 40% 的人口在 20 世纪 90 年代中期严重缺水。

（2）估计在 25 年之内，2/3 的世界人口将要居住在水紧张的国家。

（3）到 2020 年用水量将要增长 40%，其中 17% 的水要用于人口增长所带来的食品生产（世界水联合会，2000 年）。

20 世纪，人口增长、工业发展和农业超强度灌溉是引起需水量增加的三个主要因素。传统上，筑堤修坝是保障灌溉用水、水力发电和生活用水的主要手段。世界上最大的 227 条河流中已有 60% 被堤坝、引流、运河等强烈的或中等程度的阻断，对淡水生态系统也造成了极大影响，这种措施虽然取得了显著的经济利益，但是由于筑坝改变了河流的原始结构而引发的洪水危险，使不同地区 4000万～8000 万人口迁移，导致临近的生态系统发生了不可逆转的变化。

在管理方面，改变水资源短缺的法规力度不大，对水资源的管理效率很有限，这也是在解决水资源短缺问题上必须加强的一项工作。

1.5　水质与因水质引起的疾病

水质恶化仍然是全球水资源的主要问题，也是最难解决的问题。水质污染的规律是河流起源地和上游较好，越向下游水质越差，入海口和沿海地带水质最差。因为进入水里的污染物浓度从上游向下游逐渐增大，并且没有使得浓度被稀释和降低的条件。各个流域的点源污染使污染物源源不断地进入这些水系，使流域至沿海之间的污染紧密的联系在一起。

1.5.1　污水处理率是一个不可忽视的硬指标

水问题上有两个重大指标，一是饮用水供应的覆盖率，二是代表水卫生条件的污水处理率，这是两大不可忽视又很难达到，但最后又不得不实现的指标。联合国千年发展目标在全世界范围内对下列地区在 2004 年必须达到的目标如图 1–4 所示,见表 1–3。

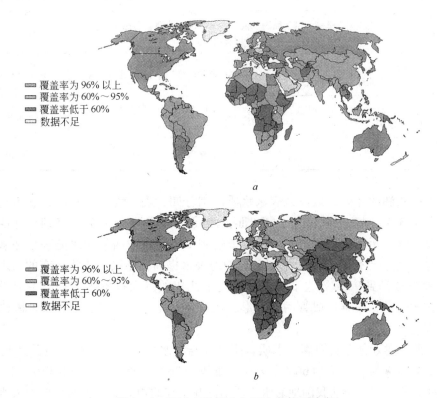

图 1–4　2004 年饮用水和卫生条件覆盖率
a—饮用水供应覆盖率;b—卫生条件(污水处理率)覆盖率
(资料来源:WHO and UNCEF 2006.)

　　从表 1–3 中可以看出,联合国的千年发展目标在污水处理率方面已把中国列入低于 60% 这一档里,从 2004 年到现在又过去了 8 年,据目前调查,污水处理率高于 30% 的地区不多见,全国大部分地区都很低,特别是广大农村地区,尤其是管网的连接问题、污水处理工艺问题、资金问题,这些都是难解决的问题。在这种情况下,中国纯农业地区污水处理率几乎为零,产生的污水就近排放到当地的水沟、小河,进入水循环。专家指出,即使有了污水处理系统,使污水处理率增长也是有很大难度的,甚至每年提高一个百分点也是很难实现的。如果一年能提高一个百分点,30 年后可提高到 30%,那么 30 年后我国的污水处理率也会进入到千年发展目标的第二档(60% ~95%),也就是说,到 2050 年我国就有可能达到这个目标,那时我们国家的水域水质会有巨大提高,但是要实现这个目标有很大难度,要尽最大努力。

表 1 - 3　联合国千年发展目标全世界范围内在 2004 年必须达到的目标

	饮用水供应覆盖率	污水处理率	应达到的目标
主要地区	北美洲、南美洲、非洲北部、欧洲、俄罗斯、澳洲	北美洲、欧洲、利比亚、澳洲、缅甸	96% 以上
	包括中国在内的亚洲大部分地区，东南亚、非洲东北部、南美洲北部	亚洲北部、南美洲、非洲北部	60% ~ 95%
	印度、非洲中部广大地区、格陵兰岛、地中海地区	包括中国在内的亚洲南部、南美洲中部、非洲	低于 60%
		格陵兰、印度、阿拉伯地区	数据不足

根据欧洲的经验，欧洲地表水水质级别分四大类，为 I ~ IV 级，在这之间又差分出 3 个亚级，即 I-II、II-III、III-IV，总共划分为 7 个级别。这四大类主要是针对污水处理率来划分的，能达到 I 级水质地区的污水处理率必须达到 96% 以上。巴伐利亚州为了把某地的地表水提高到 I 级，为将现有的污水处理率 95% 提高到 96% 的这一个百分点作了几年的巨大投资才实现。主要是由于农村太分散，很难达成管网，地形、地貌条件复杂，工程受多种条件限制而增加难度。

按照上述划分方法推算，水质级别之间与污水处理率之间的对应关系是 30 年，I 级为 96%；II 级为 66% ~ 95%；III 级为 36% ~ 65%；IV 级为 0% ~ 35%。按这种划分方法，当前我国地表水水质情况几乎与此相对应。虽然我国地表水划分为五大类，根据我国当前的污水处理率普遍在 30% 以下，故把地表水的水质级别多半划分为 IV ~ V 类。

1.5.2　影响水质的主要污染物

由于污水处理率低，或污水未经处理就排放而使水域产生多种污染物，其中对人体健康产生极大影响的主要污染物有以下几种。

（1）重要点源污染物：细菌病原体、营养物质、耗氧物质、重金属和持久性有机污染物。

（2）主要的面源污染物：悬浮物、沉积物、营养物质、农药和耗氧物质。

（3）盐分高的水和放射性污染物质可造成局部地区的污染，如日本近年来发生核事故出现的污染物，不会造成全球范围内的环境问题。

另外，还有两种天然物质只能造成局部地区的环境问题，不能造成全球环境问题。即细菌污染物和过量的营养负荷，如孟加拉国局部地区及印度与孟加拉国接壤地区地下水中的自然砷很高，还有许多地区地质来源的氟化物会使当地地下水溶解很高浓度的这种物质，这两种物质所产生的污染物对人体健康有极大影响。

1.5.3 因水质引起的疾病

因废水污染沿海水体对人类健康产生的影响，每年可能造成120亿美元的经济损失。联合国环境规划署《区域海洋计划》项目中至少有8个地区，排入淡水水系和沿海地区的废水50%以上是未经处理的，其中5个地区80%以上未经处理。亚洲、非洲国家污水处理率都很低，基本在10%以下，废水的直接排放，致使水域严重污染，从而导致对人体健康的危害。据调查和鉴定，许多病是由水环境和生态环境污染造成的，如以下病症：

（1）据估计6440万伤残调整生命年（DALS）是由水源病原体引起。

（2）甲肝（150万例）、肠虫（1.33亿例）和血吸虫病（1.6亿例）这些流行病都与卫生条件不够相关。

（3）每年因在有废水污染的海滨游泳引起胃肠病的有1.2万例，呼吸系统疾病的有5000例。

（4）据调查，1987~1998年间由于摄取感染霍乱弧菌的食物引发的霍乱病大幅度增加，如图1-5所示。

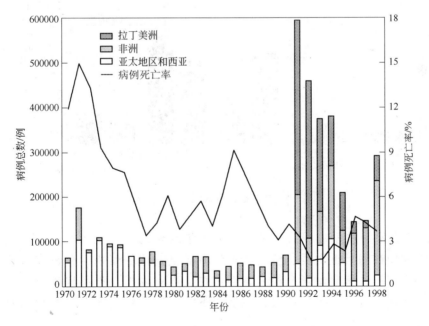

图1-5 世界各区域的霍乱病例

（资料来源：Adapted from WHO 2000.）

（5）发展中国家每年约有 300 万人死于与水有关的疾病，其中大部分为 5 岁以下的儿童。

1.5.4 因水质引起的其他环境问题

最普遍的淡水水质问题是高浓度的营养负荷（氮、磷），主要来自于农业区的地表径流，可引起水体的富营养化，对人类的水利用有严重影响。

水域中氮含量急剧增加，据报道，1970～1995 年在沿海地区增加 29%，如图 1-6 所示。水中氮含量超过 5mg/L 则可证明已被粪肥类肥料污染，可造成水生生态系统恶化，使人类对水的利用产生极大影响。

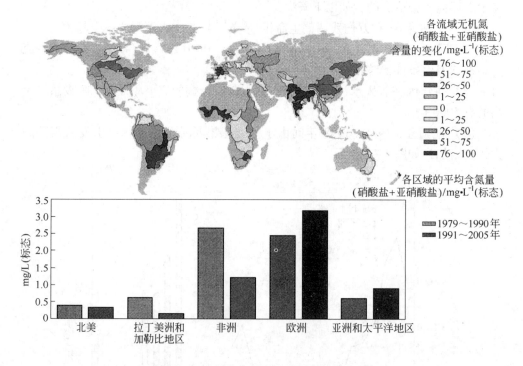

图 1-6   世界各区域大流域的无机氮含量

过去在沿海水系中因营养物质造成水华现象的增加（见图 1-7），微藻青菌毒素如在滤食性贝类、鱼类和其他海洋生物体的聚积，会造成鱼类和贝类中毒或瘫痪。微囊藻素会使人急性中毒、皮肤发炎、患肠胃病。水华现象的发展会使水域水底氧气枯竭，使生物不能生存，对生物多样性和渔业造成不良影响。

此外，因有机合成化学品、农药、药品、重金属、石油浅露等对水域污染引起的对人、生物和生态环境的影响可查阅相关资料。

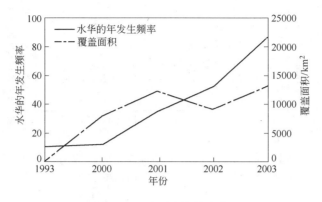

图 1-7　中国东海的水华

1.5.5　水质恶化对生态系统完整性的影响

据研究,自 20 世纪 80 年代末,沿海地区和海洋生态系统及大部分淡水生态系统出现持续严重恶化,许多生态系统已经完全消失了,而完全消失的生态系统将永远无法恢复。又因海水温度上升,到 2040 年许多珊瑚礁将消失。淡水资源和海洋物种数量比其他生态系统的下降速度更快。湿地面积严重缩小和退化,被各种建筑工程所占用。湿地的消失改变了江河的水流规律,增加了洪涝灾害,减少了野生动植物栖息地。虽然淡水湿地的面积有限,但许多淡水湿地的物种比较丰富,淡水湿地能够维持部分动物种群的许多物种。1987~2003 年,淡水脊椎动物物种的群落数量平均下降了 50%,比陆地和海洋里的数量降幅更大。

淡水和沿海动植物栖息地的持续损失和退化会更强烈地影响水生生物的多样性,因为这些栖息地与许多陆地生态系统相比,物种相当丰富,生产力更大,但也受到更大威胁。

由于水电大坝、引水灌溉、工业和民用建筑致使许多河流结构、河岸和河谷发生了很大的变化,随着这些变化,河流域的生态系统和水生生态系统都发生了一系列的变化,故生态功能被破坏,洪水不断发生。表 1-4 所示列出了一系列水生生态系统变化与环境和人类影响的关系,分析全面而完整。

1.6　水资源合理利用

几十年来,全球的水资源从未达到过合理的利用,不管是地表水还是地下水都处于取用过度的状态,致使全球气候变暖,从而引起降雨量减少、蒸发量增加、水的径流量减少等一系列的变化,使人类可利用的水资源量持续减少。

在过去的 50 年里,农业、工业和能源行业的淡水消耗量无控制的增加(见

表1-4　水生生态系统状态变化与环境和人类影响的关系

水生生态系统	压力	部分状态变化	对人类的影响			
			内陆生态系统			
			人体健康	食品安全	自然安全	社会经济影响
河流、溪流和洪泛区	通过筑坝和取水调节水流 蒸发造成的水流损失 富营养化污染	↑水停留时间 ↑生态系统分割 ↑扰乱河流与洪泛区之间的动态平衡 ↑干扰鱼类迁徙 ↑蓝藻水华	↓淡水量[1] ↓水净化与水量[1] ↑一些水源疾病的病例[1]	↓内陆与沿海鱼类种群[1]	↑防洪措施[1]	↓旅游业[3] ↑贫困[1] ↓生计[1]
湖泊与水库	泥沙淤积与排水 富营养化 污染 过度捕捞 人侵物种 全球变暖引起的物理和生态特性的变化	↓栖息地 ↑水华 ↑厌氧状况 ↑外来人侵鱼类物种 ↑水葫芦	↓水的净化与水质[1]	↓内陆鱼类种群[2]		↓小规模渔业[2] ↑当地社区移民[1] ↓旅游业[2] ↓生计[1]
季节性湖泊、湿地和沼泽、沼池和泥潭	通过充填和排水进行改造 水流规律的变化 林火类型的变化 过度放牧 富营养化 人侵物种	↓栖息地和物种 ↓水流和水质 ↑水华 ↑厌氧状况 ↑对本地物种的威胁	↓水的补充[1] ↓水的净化水质[1]		↑洪水发生频率和规模[1] ↓减少洪水[1] ↓减少干旱[1]	↑洪水、干旱以及与水流有关的缓冲效应[2] ↓生计[2]
覆盖着森林的湿地和沼泽	通过砍伐林木、排水和林火加以改造	部分生态系不可逆转地消失、野生鸟类与家禽的直接接触	↓水的补充[1] ↓水的净化与水质[1]		↑洪水的发生频率和规模[2]	↑洪水、干旱以及与水流有关的缓冲效应[2] ↓生计[1]
高山和苔原湿地	气候变化 栖息地分割	灌木丛林和森林的扩张 苔原湖泊湖面的退缩	↓水的净化水质[1]	↓放牧驯鹿[2] ↓内陆的鱼类种群[2]	↑洪水的发生频率和规模[2]	↓生计[2]

续表1-4

水生生态系统	压力	部分状态变化	对人类的影响			社会经济影响
			人体健康	食品安全	自然安全	
泥炭地	排水 取水	⇩栖息地和物种 ⇧土壤侵蚀 ⇧碳储存量的损失	⇩水的补充① ⇩水的净化与水质①		⇧洪水的发生频率和规模②	⇧干旱事件① ⇩生计①
绿洲	取水 污染 富营养化	水资源的退化	⇩水的可获得性和水质①		⇧冲突和不稳定①	⇩生计①
蓄水层	取水 污染		⇩水的可获得性和水质①	⇩农业减产①	⇧冲突和不稳定①	⇩生计①
沿海和海洋生态系统						
红树林和咸水湿地	转作其他用途 淡水缺乏 木材过度采伐 暴风雨引起的巨浪和海啸	⇩红树林 ⇩树木的密度、生物质、生产力和物种多样性	⇧积滞水引起疾病的风险①	⇩沿海鱼类和贝类种群①	⇩海岸的缓冲能力②	⇩木材产品① ⇩小规模渔业① ⇧当地社区移民② ⇩旅游业③ ⇩生计②
珊瑚礁	富营养化 泥沙沉积 过度捕鱼 破坏性的捕鱼 公海表面温度 海洋酸化 暴风雨引起的巨浪	⇧珊瑚漂白和死亡 ⇩相关渔业损失		⇩沿海鱼类和贝类种群①	⇩海岸的缓冲能力②	⇩旅游业① ⇩小规模渔业① ⇧贫困① ⇩生计①
入海口和潮间带泥滩	开垦 富营养化 污染 过度收割 疏浚	⇔潮间带的沉积作用及营养物的交换 ⇧氧气枯竭 ⇩贝类	⇧沿海水质及水的净化① ⇧沉积作用①	⇩沿海鱼类和贝类种群①	⇩海岸的缓冲能力②	⇩旅游业③ ⇩小规模渔业① ⇩生计①

续表 1 - 4

水生生态系统	压力	部分状态变化	对人类的影响			
			人体健康	食品安全	自然安全	社会经济影响
海草和海藻床	沿海开发 污染 富营养化 淤积 破坏性的捕鱼活动 疏浚 用作海藻养殖和其他海洋生物养殖	⇩栖息地		⇩沿海鱼类种群①	⇩海岸的缓冲能力②	⇩生计①
软底生物群落	海底拖网 污染 持久性有机物和重金属矿产开发	⇩栖息地	⇩沿海水质②	⇩鱼类种群和其他生计手段①		⇩贝类生产①
潮下带硬质底生物群落	海底拖网 污染（如同软生物群落） 矿产开发	海山和冷水珊瑚群落遭受严重干扰		⇩鱼类种群①		
浮游生态系统	过度捕鱼 污染 海洋表面温度变化 海洋的酸化 人侵物种	扰乱各营养级的平衡，浮游生物群落发生变化	⇩沿海水质①	⇩鱼类种群①		⇩生计①

注：箭头表示状况及影响的变化趋势：⇧表示增加；⇩表示下降；⇔表示没有统计数据证明发生变化。
①数据确凿；②已建立数据但不完整；③不确定。

图 1 - 3），致使人类每年的用水量超过了水的补给量，使河水流量一再减少，地下水位一再下降，严重时会引起河水断流，地下水含水层枯竭。《全球国际水域评估》表明，项目研究地区将来会有半数以上被列为中度或严重缺水地区。到 2025 年全球将有 18 亿人口生活在绝对缺水的国家和地区，世界上 2/3 的人口将面临缺水的压力，即水资源量达不到满足他们农业、工业、家庭和环境用水需求的临界值。

由此看来，过去无计划的滥用水资源导致的一系列环境和生态环境问题，致使当今要特别强调水资源的合理利用。可利用的水资源必须是水循环的一部分，它可在水循环中再生，如果水资源的利用量过大，大大地超出水循环的水量，则这种水利用量是不合理的，要逐渐调整，一定要控制在水循环的再生量之内。

不管是地表水还是地下水，在一个流域确定出使用多少水量合理又不会出现环境问题，这个问题的解决并不难，可从一个地区的河流、地下水等水体的多年动态观测资料中得到答案。从这些资源中可以计算出水资源的合理利用量，但对河流域的水资源合理利用量必须在整个流域内平衡分配，并进行总量控制。对将来水问题的研究要聚焦在水资源的合理利用和保护上。

1.7 水资源的保护

水资源的保护是一个长期任务，对地表水域的保护，首先要控制直接向河流或地表水体排放污水，尽快提高城市和乡村的污水处理率，使污水排放量逐年减少，这是一个艰巨的任务。到本世纪中期，若我国的内陆水域水质都能上升到Ⅲ类水质，将是一个巨大的进步，至本世纪末若所有地表水域水质都能达到Ⅱ级以上，水资源的保护则会取得显著效果，但难度是极大的。地表水域保护的另一大难题是农业的面源污染问题，当今这个问题越来越突出。特别是在欧洲，例如在德国的巴伐利亚州，这是将来在环保、农业等领域要重点攻克的难题，力争在几年之内在水中发现不了农药、化肥的痕迹，环保部门正在与农业部门合作共同解决这个问题。

地下水的保护十分重要，地下水是人们脚下看不见的宝藏，故许多人都不知道它，从而对它的保护困难更大。在过去地下水利用过程中出现过许多问题，例如地下水水源地被农业施肥和农药污染，地下水受地面污水排放污染，地下水过量开采引起地面沉降、海水入侵、含水层枯竭等问题。地下水的保护除对地下水水源地利用水保护带（Ⅰ~Ⅲ带）保护之外，近年来突出强调要利用地下水覆盖层的保护。地下水天然水质较好，最重要的是经地层渗透和过滤的作用，地下水含水层之上覆盖层对地下水能起到良好的保护作用，覆盖层越厚、孔隙率越小，对地下水保护的越好。所以近年来很多地方在对地下水的保护工作中，基础工作是对地下水含水层上覆结构的调查，特别是使盖层土壤免受污染并对薄弱处要在地表采取保护措施，特别强调在地下水水源地的保护带内禁止挖坑取土，对过去遗留下的采砂坑给予特殊处理，总之，采取一系列保护覆盖层的措施使地下水得到安全保护。

1.8　水资源管理

水资源管理要建立在各种法规的基础上，原则上要靠法律来管理。近年来在各个国家、国际间、各种组织、机构都发展了许多与水有关的法规、公约、议定书、协定等便于水资源管理的法律法规。特别是自《欧盟水框架指令》发布以来，在欧洲的水资源管理上收到了越来越明显的效益。该《指令》责令所有的 27 个欧盟成员国到 2015 年为止，实现全部欧盟水体（包括内陆地表水、过渡水体、沿海水体和地下水）的"良好状态"。为实现"良好状态"，它要求各成员国进行流域区划，设定流域主管部门并制定和执行流域管理计划。《指令》还规定了利益相关方的参与，为促进在欧盟范围内对《指令》的履行，欧盟成员国和欧洲委员会还制定了《共同实施战略》。到目前为止该《指令》的实施比较顺利，各方都明确表示强烈支持，特别是德国的巴伐利亚州所有的水资源管理都按《欧盟水框架指令》来行动。

在 21 世纪议程里，把水资源管理更完善地称之谓 "水资源联合管理" （IWRM），在中文译文里有人把它译成 "水资源综合管理"。德国巴伐利亚州环保局的水务司司长 M. 格拉姆鲍夫博士以该词为题目出版了一本专著，赫英臣教授等人已把该书译成中文，于 2010 年在中国出版。在该书中全面论述了水资源联合管理的各种因素并作了全面分析，制定了国际联合管理实现全面战略，即六大方面的战略组成方案，适用的技术与管理、财政和税收、人的因素、网络与联络，以及文化道德等。在该书导论里以框图（见图 1 - 8）作了详细剖析。

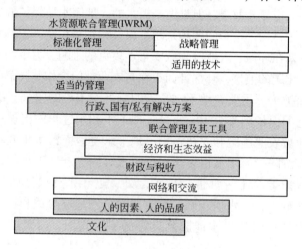

图 1 - 8　水资源联合管理的解决方案

（资料来源：Dr. M. Grambow.）

　　图1-8所示框图很明确地表示了规范管理与传统的业务管理的不同，在21世纪议程中提出的水资源联合管理涵盖了标准化管理，适当的管理、行政、国有、私有解决方案，综合管理及工具，财政与税收，人的因素与人的品质，人的文化等管理因素。传统的业务管理包括战略管理、适合的技术、经济和生态效益、网络和交流等。而当今这两种管理体制要联合，要实现国际、国家、集体和个人的联合，各部门的联合，以及各行业的联合，在联合的管理中才能找到水问题的解决方案。

2 阿尔卑斯山前地区 （巴伐利亚州）的地下水

2.1 概述

2.1.1 地下水是看不见的宝藏

原则上所有的东西都是水，水可生万物，最后万物又回归于水，如图 2 - 1 所示。

图 2 - 1 水生万物

地下水是看不见的宝藏，是人和自然界的饮食，人人都需要它，但几乎没有一个人详细地知道它。地下水的形成是水循环的重要组成部分，水量通过降水入渗和地表径流的渗透补给不断再生，水质通过含水层的渗滤作用不断更新，因此地下水是最理想的饮用水供水水源。

上百年来，巴伐利亚州的水经济管理一直存在着地下水保护和饮用水供应的问题。自 1878 年起，巴伐利亚州水经济局就成立了供水技术办公室，为地下水的研究和保护积累了大量的数据和实践经验。

为什么对地下水有如此大的兴趣，因为我们几乎每天都要面对所提出的这些问题，这些问题大致可以分为两大类，一类是想要为广大读者普及各种水的概念；另一类是要为专业人员提供大量有关地下水的信息和对地下水资源的保护措施。我们力争尽最大可能去理解，并以当今最现代的科学技术水平去考虑问题。

地下水在地下运移几十年并一直持续下去，要及时发现是否被污染、污染的治理、或者由于大量开采地下水出现的问题的解决都是很困难的。最高目标是避免对地下水的损害，通过可持续的经营管理，避免地下水利用的环境受到影响，并要有长期保证。因此，在巴伐利亚州水经济管理工作中要有大量的专家合作，自然科学家和工程技术人员十分关心地下水的保护和我们生存的基本资料的获得，仅仅依靠单独的管理是不够的，还需要大家的预防。

要致力于解决这些一再出现的问题，并集中力量进行处理。值得振奋的是在饮用水流域上与农业的合作项目的增加，并取得了这方面的成果，重要的是所有公民都有责任行动起来，这就要求我们每个人都要对这个生活必需品、地下宝藏做到可持续的保护。

2.1.2 人们离不开地下水

谁也看不到也听不到，但是到处都存在的东西就是每天都和人们打交道的地下水。在巴伐利亚州它是最大的水体，用它饮用、做饭、洗浴和浇地，特别情况下还要用它冲洗厕所。你知道巴伐利亚州的居民每天消耗多少饮用水吗？据资料公布是134L。

地下水用于食品的生产，同样的也用于工业目的的生产，还可用于人体健康和保健、温泉浴。自然界经济还要靠地下水生存。总而言之，如果没有地下水，我们就处在真正意义的"干燥"上。

经常可以见到报纸上轰动公众的大字标题"地下水受到植物保护剂和硝酸盐的污染"、"流出的溶液毒化地下水"。地下水真的这么糟吗？在巴伐利亚州地下水作为饮用水是日常生活中排在第一位的重要资源，如图2-2所示。

这并不奇怪，因为对这种危害的报道在社会上的反应都很敏感。近十年来，更是发生了很大变化，因为环保法特别严格，环境意识增强了，都有很强的责任心，所以当今巴伐利亚州对地下水的保护达到了很高的标准。很惊人的是在饮用水质量上是欧洲其他地方无可比拟的。

对地下水性质的影响，什么因素会起到主要作用？怎么产生的？人们在什么地方才能发现？什么时候会把地下水储量用尽？不仅是气候，不同区域的生态条件，土壤的化学和物理性质对此都有很大的影响。另外，完好无损的土壤对干净的地下水的保护作用是所有因素中最重要的（见图2-3），在这方面我们还可查阅更多的科学知识资料。

图 2 - 2　在风险中的地下水

图 2 - 3　土壤对地下水的保护

"万物来源水，水含有万物"，歌德在《浮士德》里这样写道。这个名言适用于今天，无论对自由的大自然，自家的花园，或者乡村、城市都是这样。

人类以各种各样的方式干扰自然界的正常循环，这些都在地下水里留下了痕迹。

地下水需要表面盖层保护，完好的土壤层是一个重要的前提条件，渗漏水可在其中得到净化。

大家可以在巴伐利亚州放心的饮用地下水，因为将它作为对人们必需的食品，从开采到输送管路，一直到居民用水，开展全程水质监测控制。这个过程中必须注意很多的方面，保障水体中含有全面的天然物质成分。一些监测值是理想的，但有可能存在问题。

近年来，对地下水采取了更多保护措施，人们要与地下水污染做斗争，特别要解决过去几十年的破坏性行为使地下水在地下长期污染的问题。

对来自工业、农业或作业事故的危害物质形成的面源污染的治理仍然是极困难的事情，巴伐利亚自治州作出了最大努力使这些污染源对地下水的影响尽可能达到最小。尽管全州作了努力，但无责任心的处理，所有公民都是不答应的。最后要对大家说：水是生命。

2.1.3　质优量多是巴伐利亚州地下水的突出特征

巴伐利亚州靠它优越的自然地理条件、丰富的降雨量，使地下水具有最大的储存量，对供水来说是极好的保障（见图2-4）。

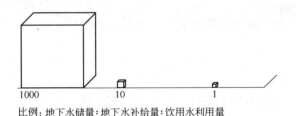

比例：地下水储量：地下水补给量：饮用水利用量

图2-4　地下水量的对比

图2-4表明，巴伐利亚州地下水的总储量相当大，是世界上罕见的。而且地下水的补给量也大，是地下水使用量的10倍，这种比例关系也是世界上很难找到的。有这么丰富的地下水，所以巴伐利亚州饮用水的95%都来自地下水，只在北部地区地下水较少的地方用河谷坝水库的水供应余下5%的饮用水。

由于巴伐利亚州对地下水保护工作做得特别好，再加上天然的有利因素，所以地下水的质量特别好，一般的地下水从地下开采出来就可直接饮用，不需要任何处理。一个实际例子可以证明，有这么好的地下水，才能有那么著名的慕尼黑啤酒。

地下水水质能保持得这么好，主要是由网眼式的质量检查和严格的极值控制保证的。一般情况下打开水龙头即可放心饮用。

质优量多的地下水能在巴伐利亚州存在，说明地下水资源的合理利用和保护得到了巴伐利亚州水经济工作的重视，我们可从以下章节中得到更详细的了解。

2.2 地下水的形成、运移与循环

大气降水一部分在重力作用下沿地形坡度慢慢地流动，补给到湿地、河流、湖泊和泉水，形成地表水；一部分流经地表，然后渗入到土壤和岩石的细小孔隙中，形成地下水。在这个过程中，细菌分解有害物质，植物根系吸收营养物质，地下土层中的矿物质溶解到水里。降雨补给地下水的水循环图如图 2 - 5 所示。

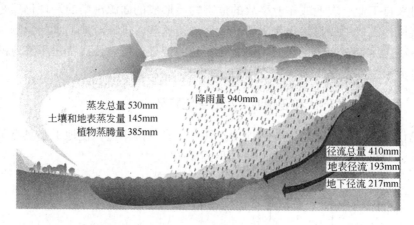

图 2 - 5 降雨补给地下水的水循环图

如图 2 - 5 所示，雨云的飘动预示着大雨来临，降雨渗入到土壤里补给地下水。

2.2.1 地下水的补给

人们只知道把地下水作为饮用水使用，但关于地下水的一般概况知道的很少。因为想要了解它在地下的流动过程，或尽可能的预报它，则是水文地质学的任务。

人们可把地下水看作海绵里的水，是聚集在地下岩层小孔隙和裂隙里相互连接的水体，如果水持续渗入到土层里地下水就会一直生成。地下水形成的条件是地球水循环中的降水。地表水通过太阳光照形成水蒸气，水蒸气上升并聚集形成云，受风的驱动云向另一个地方飘移并形成降水，变成土地的"饮料"，渗入地下补给地下水或变成地表径流流入河流后注入大海。这就是蒸发、降水、径流不断形成的水循环。

在巴伐利亚平均年降水量为 940mm/a（见图 2 - 5 和图 2 - 6），即每平方米有 940L 水，按巴伐利亚州面积来算，水体积可达 660 亿立方米。对比可知，波登湖（Bodensee）的含水量只有 480 亿立方米。

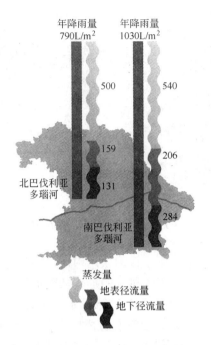

图 2-6 巴伐利亚降雨量南、北方对比

在巴伐利亚州，不是每一滴降水都渗入地下变成地下水，大部分降水直接通过蒸发又返回大气圈（见图 2-6），此外主要形成地表径流，剩下的才渗入地下补给地下水，只占降雨量（每年）的 23%，大约为 150 亿立方米，这仅是地下水总储量的极小部分，比巴伐利亚州的地表水域的总量还大。地下水的补给量和径流量像"呼吸"一样，都是同样大的水量。

在植物生长期 5~10 月，地下水几乎无补给量，因为大部分降雨被植物的吸收和蒸腾作用所消耗。而在 11 月和 4 月之间反而可形成大的补给量，地下水位的变化是与此相适应的。

地下水是巴伐利亚州最大的水源，对供水来说是极好的保障。如图 2-4 所示，如作为饮用水的地下水量为 1 时，而地下水的补给量为 10，地下水的总储量为 1000，三者的比例就是 1:10:1000（见图 2-4）。

降水和蒸发对地下水的补给量并不是唯一的影响因素，位于河谷区的地下水与地表水存在密切的交换作用（见图 2-7）。例如，地下水在洪水期会得到岸边河流水的不断补给，这样形成的地下水可称为岸边渗透地下水。

在巴伐利亚地区，地下水的补给量变化很大。例如在北巴伐利亚州的 Franken，每平方米面积内，地下水只能得到 50L 的补给量，而阿尔卑斯山北部边缘区会得到 500L 甚至更多的补给。造成这种变化的主要原因是降水量大小不同。

图2-7　地表水和地下水有密切的交换关系

因此，在一些地区把现有的地下水作为饮用水还达不到全面覆盖，还要以远程供水和第二种饮用水即河谷坝水库为供水的形式从而提供了尽可能的平衡。

　　在巴伐利亚州，质量最好的地下水储量是较丰富的，每年地下水的开采量（主要是饮用）达16亿立方米，但没有造成因水位下降对自然储量平衡的损害。地下水的年补给量达10%（见图2-8），通过巴伐利亚州水经济管理部门与供水部门共同进行的可持续经营，使不能过量开采地下水的原则得到了保证。

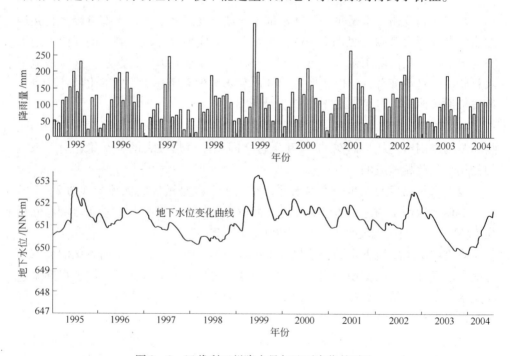

图2-8　巴伐利亚州降水量与地下水位的对比

地下水和降水之间的补给关系是十分复杂的，许多降水不完全都补给地下水，更多的变成地表径流流走，土壤水分饱和后和冻结期流失的更多，夏天降雨量大部分被植物消耗。如2002年降雨量大的夏天，地下水得到较好的补给。冬天地下水补给有很大区别，例如1999年第一季度因气候十分潮湿而出现高的地下水位。以往的圣灵降临节洪水也有助于地下水补给。2004年初连续较大的降雨量使上一年干旱期的地下水位得到顺利的回升。在干燥季节许多河流和小溪得到地下水的补给，而使它们免受干旱。

沥青和混凝土影响入渗。地下水的补给必须使降雨向土壤入渗，而公路、公园、住房或工业设施的建设，造成地表只有局部可使降雨入渗，因建筑设施被密封的地表使得地表水不能入渗。

在巴伐利亚州有10.4%的土地面积被居民住房和公路占用，使水的渗透量大大减少，只有3.9%的面积还可以渗水。另外，在平坦的公路和加油站等有工业设施的地方还要受到对水有危害的物质污染的威胁。在这种情况下要采取密封措施，要保持地下水的水质和水量，同时应将流入的雨水搜集起来并进行处理。

对地下水危害程度较小的地面部分，例如公园的地面大可不必用沥青铺砌，可采用如图2-9所示的栅格草坪砖或用可渗透的材料来替代，保持地面的渗透性，使水很容易入渗到地下补给地下水。

图2-9 公园里铺设的草坪砖

2.2.2 地下水在岩层中的运移

"咆哮的莱茵河（Panta rhei）日夜奔流"，这句希腊哲学家 Heraklit 的名言照样可适用于地下水。首先，在重力的作用下向下垂直入渗到达地下水面，在地下含水的岩层可称为含水层，而具有较小渗透性的岩层称之为隔水层，隔水层可将含水层彼此隔开，一般情况下这种隔水岩层由很细的颗粒物质组成，如黏土。含水层中的地下水靠它的坡度（水力梯度）运动，它的流动几乎不是靠"水脉"，而是如地下河一样。多数情况下渗流量很小，通过总断面的流量称作地下水体，一般分配在地下砂、砾层空隙和岩层裂隙里（见图 2 - 10）。

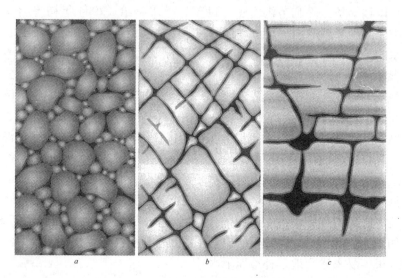

图 2 - 10　含水层的空隙形状和大小
a—孔隙；b—裂隙；c—岩溶

一般情况下地下水以很小的速度运动，含水层和隔水层交替存在，彼此上下有不同的隔水层形成。岩层的地质条件和相互之间的组合形式决定着含水层的性质（承压或无压）。

地下水含水层可划分为以下 3 种不同类型。

由图 2 - 10 可以划分出孔隙、裂隙和岩溶（喀斯特）三种类型的地下水含水层。

（1）孔隙含水层。主要是砂、砾石地层组成的含水层，一般有紧密的空隙系统，空隙体积可达 10% ~ 20%，由于存在紧密的孔隙，地下水每天只能下渗几毫米，最大可达几米，如图 2 - 11 所示。

（2）裂隙含水层。在坚硬岩层里，水可在裂隙、缝隙和解理中流动，这些空隙在整个岩石体积中只占很小的百分比。因此，很明显裂隙含水层的储水能力比孔隙含水层小得多，但流速可达每天几百米。

（3）岩溶（喀斯特）含水层。如果裂隙扩大，扩展成地下通道和溶洞，就可储存大量的地下水，流速可达每天几千米。这种类型的含水层一般出现在易溶的碳酸盐岩如石灰岩和白云岩地区。地下水存在于不同的深度，一般在地表以下一米或几米内，在 50m 以上的地方也有地下水。在更深的地方也有地下水，例如在上 Pfalz（Oberpfalz）Windischeschenbach 打的大陆深钻孔所证，这个地质科学研究的大钻孔钻进达 9101m，钻孔基底的水温达 250~300℃，而且含盐量很高，但由于地下水的补给来源被分隔而没有补给水。

图 2-11　lsar 河上游阿尔卑斯山谷地区储量丰富的地下水

2.2.3　巴伐利亚州南北地区地下水分布特征

在巴伐利亚州，几乎到处都有地下水，但可利用量却有很大波动，如要得到最优的和持久的利用，则要尽可能详细地掌握地质情况并进行地下水评价。首先，要考虑州内地下水分布的区域特征，按巴伐利亚各种各样的地质条件可以划分出 11 种水文地质分区，南部和北部的地下水储量及地下岩层的储水能力有很大区别（见图 2-12）。

（1）南巴伐利亚州地区。巴伐利亚州最大的地下水储量区位于多瑙河（Donau）以南地区。冰川运动期间，在阿尔卑斯山前，由于巨大的冰川运动，沉积了由黏土和碎石组成的厚层冰碛物。这些物质被后来的冰川溶融水继续运移，形成砾石和砂，又慢慢地变成卵砾层和河谷沉积物堆积下来，形成了当今广泛延展的孔隙含水层，并具有很强的储水能力。

一个知名的例子就是慕尼黑堆积平原。在南巴伐利亚，大的区域降雨量使它拥有了丰富的地下水资源。在阿尔卑斯山区特别是在岩溶化的石灰岩区有很大的地下水储量，这种储量很大的岩溶含水层一直为阿尔卑斯山谷提供地下水（见图 2-11）。例如，具有丰富地下水储量的 Loisach 山谷已成为慕尼黑市饮用水供应的"主要力量"。

在慕尼黑以北至多瑙河的丘陵区，沉积的细砾至砂的地层是最重要的孔隙含水层。这种地质条件也称为第三系地层，并具有多个不同丰富程度的含水层。这些砂层的孔隙体积也很高，但因都是细粒物质，故其渗透性要比堆积平原和河谷

裂隙含水层
（砂岩）

侏罗统
晚侏罗世石灰岩

孔隙含水层
□ 阿尔卑斯前山冰碛层地带
□ 碎石堆积平原和河谷沉积物
□ 第三系丘陵区
裂隙含水层
■ 杂色砂岩
▨ 石膏层
□ 砂岩层
▤ 东巴伐利亚三叠系—
　白垩系断裂带区
■ 结晶基岩区(基底岩层)

喀斯特含水层
□ 贝壳灰岩高原区
□ 侏罗系
□ 阿尔卑斯山区

孔隙地下水含水层
（第三系之上的第四系）

孔隙和裂隙水含水层
（结晶岩）

图 2 - 12   地下水分区（水文地质分区）的特征剖面图

沉积物小得多。这样的地下水往往缺氧并含可溶性铁和锰，故作为饮用水利用时要按水质标准进行预处理。

（2）北巴伐利亚地区。北巴伐利亚的地下水储量没有南部那么丰富。例如在大面积花岗岩和片麻岩（结晶岩）地区，空隙贫乏的坚硬岩石储水体积很小，因此不能形成丰富的地下水储量（见图 2 - 13）。另外，其他含水层空隙体积也小，并受地质条件影响，水中含有氯化物、氟化物和砷。特别是水中含有上三叠纪的石膏，由于它的存在，硫酸钙易溶于水中，因此往往这种水不适合作为饮用水开采。

北巴伐利亚州河谷区的空隙水可以利用。特别重要的地下水储量地区除河谷

图 2-13 坚硬岩石中储水

区以外，首先是下 Franken 的贝壳灰岩、Nürnberg 西南和 Bayreuth 东南的 Benker 砂岩层，以及在 Oberpfalz 的 Vilsecker 盆地和 Bodenwöhrer 地堑的白垩纪砂岩地层。但在这些坚硬岩石区开采地下水要投入相当高的费用。

由于所处的地域性质，作为饮用水使用往往要对水质做适当的处理。北巴伐利亚州因年降雨量较少，仅为 780mm/a，受其影响地下水利用较困难。而 Franken 的 Alb 占据着侏罗系地层的特殊位置，石灰岩在很大空间上被强烈岩溶化，故蓄积了很大的地下水量，上部起保护层作用的土层经常有变薄的地方，因此很多情况下，落水洞直接与地表的溶洞连接，降水会把一些污染物质带进那里（地下溶洞）。由于水的流速较大再加上过滤作用，这些污染物质几乎不能在运移的自然通道中消除。

在北巴伐利亚州的坚硬岩石中曾有过开采贝壳灰岩的采石场，可以看到较少的空隙，这里可以储集一些水。

（3）泉——新的发现。"听！那里涌冒出的银光离我们越来越近，再仔细听那带有风声的潺潺流水声。看！来自岩石里的快嘴舌灵，跳出来一个喃喃自语的有生命的泉……"

泉是流动的地下水和流动的水域之间的链环，是小溪和河流的起源。地下水在地层中进行离子交换，在岩石中有裂隙和孔洞的地方可向外涌出、渗出和喷出。过去人们对泉十分敬仰，在神话里把有泉的居住地如神一样对待。

简单地说，泉是地下水的露头，它的形成与很多因素有关，主要取决于区域的地理条件、地质条件和气候等。专业人员把泉按其特征划分为许多类型（见图 2-14），大部分只是在视觉上按其某些重要意义来区分。

如图 2-14 所示，湍流泉（上升泉）经常出现在山区，从一个小的出水口会涌出许多地下水，很快就会冲出小溪的河床；水塘泉出现在喀斯特石灰岩地区，

图 2 - 14　泉的类型
a—湍流泉；b—水塘泉；c—渗漏泉

在盆地的边缘会有这种泉，可形成泉塘；渗漏泉（下降泉）在丘陵山区，地下水可以大面积出露，往往会形成一个大泉塘。

　　许多泉共同拥有典型的动植物群落，可是近几十年来，许多泉因农业开垦利用被填埋掉，或作为养鱼的小湖和其他利用被堵塞。这种情况对泉域周围的动植物群落有很大的影响，在泉域本土生存的许多动植物，已被列入濒临死亡的红名单。为此，巴伐利亚州水经济管理部门设立了"泉"的行动计划，目的是对完好的泉进行保护，并尽可能使它回归自然。

2.3　地下水的开发利用与研究

2.3.1　地下水的勘探开发

2.3.1.1　水文地质勘探

　　不是所有的天然泉水都可以作为饮用水使用。首先，必不可少的是要对地下水进行水文地质勘探和打井开采。为了确定理想的井位，只有足够的区域地下水分布特征方面的知识是不够的，还要从地质图、专业文献及数据库中了解信息，而且有必要到现场了解地下水含水层的开发、位置和深度方面的信息。专业人员可以借助自然界的帮助，因为每一种岩石都有表征它含水能力的物理特性，例如弹性、导电性和电磁性，这些都可通过现代地球物理方法测定（见图 2 - 15）。特殊的地质构造则可以通过航片解译或打井测定（见图 2 - 16）。

　　要了解地质构造，可以借助一个小的试验钻孔对地质构造进行勘探，通过岩心可以知道地层岩性和性质。抽水试验可以给出含水层的位置、富水性以及地下水性质方面的信息。为了寻找最佳井位，可打多个试验钻孔。若是探测到利于饮用的、富水性足够好的地下水，就可以钻井取水，取水钻孔在含水层部分要装上

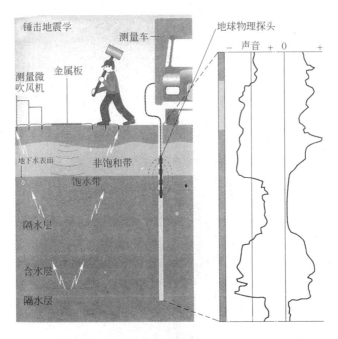

图 2-15　地球物理方法调查地质构造

图 2-16　钻探采样找到适合打井的场地成果图

如图 2-17 所示的过滤管。为了防止地表水的污染，盖层部分的钻孔要使用起保护作用的不透水套管。地下水的开采也可用管井、水平过滤器井、山洞和渗透平巷，以及其他取水工具。为了取得最佳效果，抽水试验延续时间应尽可能长一些，便可得出在不同开采量条件下地下水水质、井的涌水量、地下水储存量大小等方面的结论。由此可以得到最有利的开采方法和必要的水处理措施。此外，要

在邻井和观测站观测地下水位，这样就可得到地下水等水位线图，这对于饮用水
保护带的确定是很重要的。

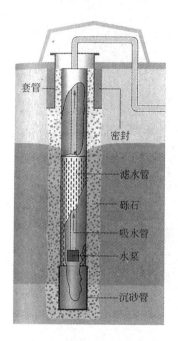

图 2 - 17   防止地表水进入的套管和密封措施

用地球物理方法调查地层结构，可取得地层结构和地下水储存类型尽可能多
的信息。

如图 2 - 18 所示，在这个喀斯特岩洞里可对地下水做出无有害物质的标记，
这说明在地层中水的通道是好的。

在特殊情况下，要对含非毒性物质的地下水做出标记（见图 2 - 18），以便

图 2 - 18   对含非毒性物质的地下水做标记

详细研究它在岩层里的运移过程。要以集中的形式建立合适的观测站，可以直接把它放进地下水里。在一定范围内可测量到有标记的物质（示踪物质）的扩散，以这种方式可得到地下水的流动方向、速度和示踪物质被稀释的过程，以及示踪物质在地下水流中的运移过程。

2.3.1.2 用具有魔力的测泉杖找地下水

人们不仅依靠水文地质知识和地球物理等科学方法寻找水源，在民间人们还靠测泉杖来找水，这是一种神秘的能力还是江湖骗术呢？

这是完全可以理解的，因为生物也能感受到地层性质的强烈变化。有些人很信服这种方法，因为他们通过测泉杖能看到"地光"或者"水脉"。测泉杖有不同的建筑样式和材料，作为辅助工具使他们的感觉增强或更有"眼力"。因为地层的渗透性有很大的波动，致使水的流动面很宽，因此可以想象，真正的"水脉"在极少的情况下是真实的。对比调查表明，多个测泉杖应用在同一个测区时可取得不同结果。在一个地区做重复检验，很少有试验人员可以成功。

在实践中，很少检查钻井位于给定点的附近多少米是成功的，而测泉杖给出的只是它的测试结果。即使含水量不丰富的钻孔，也会提供很重要的信息，所以水文地质学家对每一项调查都要进行分析研究。从科学观念得出结论：尽管感知 Radiästhetische 有存在的可能，但至今它还没有被系统地理解，更谈不上在地下水勘探中的使用了。

2.3.2 许多物质的富集对地下水性质的影响

降到地面上的雨水已在大气圈中融合了大量的气态物质，除天然的空气成分（如氮和氧）外，还可能包含对空气有害的物质，如可引起酸雨的可溶物质。

雨水在下渗时又会摄取土壤中的成分，进一步发生改变。地层可起到湿度缓冲器、机械过滤器和生物化学反应器的作用，一些物质成分将被分离、分解或消耗，其他物质会形成新的物质或被溶解。自大气降水直至降水进入含水层的过程中，它所含的物质成分在化学性质上发生了明显变化（见图 2 – 19 和图 2 – 20）。

一般情况下，上覆土层可以保护地下水免受有害物质的侵害，特别是上覆有 30 ~ 50cm 厚的土层对地下水的保护有着最重要的意义。

浑浊物质因细粒地层的过滤而被拦截，可溶物质在土粒周围积聚，借助吸附作用与土粒结合。

植物可吸收土中可溶物质，特别是硝酸盐，可作为营养物质被吸收。土壤中的细菌可分解出大量的有害物质，但昆虫和蠕虫这些小动物会把细菌作为营养吸收，因此不必担心。通过这些小动物的活动还防止了空隙阻塞，使土壤得到了过滤（见图 2 - 19）。

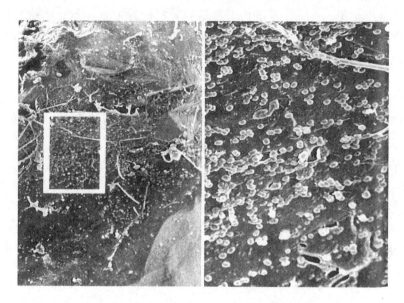

图 2 - 19   土层里最小的生物、细菌和真菌

如图 2 - 19 所示，在最上层一个完好的土层里生活的最小的生物、细菌和真菌都有利于渗入水的净化。

如图 2 - 20 所示，在进入地下水这个过程中雨水可以吸收大量的物质，同时也被分解。依这种方式它的化学成分经常变化。

2.3.2.1 地下水中的生物

调查证明，地下水中永远都有生物存在，且其中的病原体能长时间生存。1996 年，一位作者在《地下水和饮用水生物学》中写到："当今饮用水供应井的使用者与井主相对立，有些人对这个问题不理解、不关心，也不去深入考虑，都说根本没有垃圾和废物，但不止一次在没关闭好的锅炉井里发现了这些。"特别要感谢现代卫生知识，再也看不到这类不良现象了。

在干净的地下水中也有生物。随着地表水慢慢地渗入，经常会有少量有机物质进入土壤，如果地下水中的有机体不能被这些有机物分解，含水层中的孔隙就会逐渐被堵塞。

地下水是一个特殊的生命空间，除各种各样的细菌、植物外，还存在大量的动物。这些生物生存空间的重要特征是十分昏暗、恒温而且缺乏营养，这种条件下会形成比较单一的动物，它的来源可追溯到最后一次冰期。最常见的是单细胞生物、蠕虫和小虾（见图 2 - 21）。当然，这些在显微镜下才能看到。

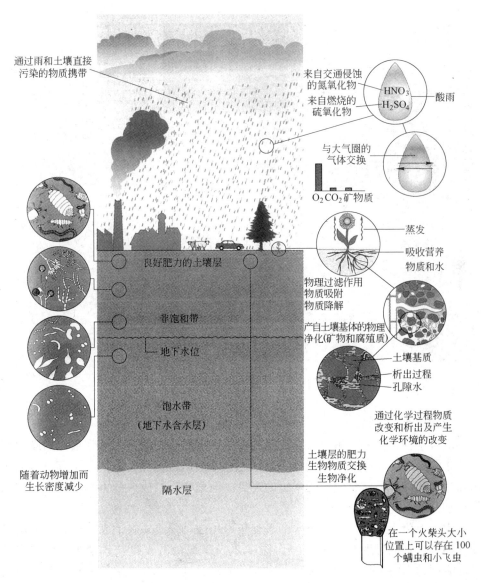

图 2-20 降水进入含水层使其物质成分发生变化

地下水中所有的生物都缺乏光照，体色较暗，它们狭长的身体很容易进入岩层中的狭窄空隙里。这里所有生物的生命功能都强烈地放慢，故地下水中生物的生命比地表同族生物长 15 倍。它们对所处生存空间的污染很敏感，因此他们在地下水中的数量可以看作生态质量标志。因为它们会被滞留在井的过滤层里，所以正常情况下在饮用水里是见不到的。由于它们的无害性，人们并不害怕，即使这些生物在特殊情况下误入到公共饮用水源，人们也可以把水源看作纯净的不受

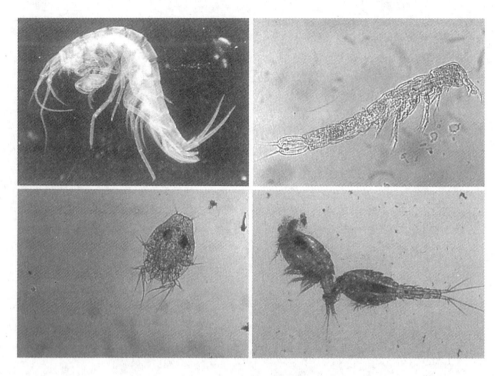

图 2 – 21   地下水中的生物

影响的饮用水。

随着这种过滤和分解过程，土壤中的生物对污染的地下水起到很好的净化作用，土壤层越厚其净化效果越好。通过这种土壤通道之后，地下水含有更多的矿物和二氧化碳，但氧含量比雨水里的还少。通过物质组成成分可测定出地下水的气味和味道。

由于上覆土层作用，地下水的温度年平均波动很小，在地表以下 1 ~ 2m 就可发现地下水，故温度在 10℃ 以下，深度 20 ~ 30m 处的温度波动消失。地下水的平均温度为 10 ~ 15℃。从 200m 深度起，地层温度每 100m 升高 0.5 ~ 3℃。当地下水温度超过 20℃ 时即可作为热水标志，这时水的溶解能力受热和压力影响，经常会出现热水的特性。

有害物质渗入到较深的地下水中时，地下水会发生很大的变化，一般情况下地下水不含可溶氧，因为在入渗过程中氧会消耗于土壤中有机质的分解。这类水可溶解含铁和锰的矿物质，当它进入空气时变成铁锈色，散发出硫酸水的气味。这类地下水不经过处理是不能作为饮用水使用的。

饮用水利用中的一个最重要参数就是 pH 值，即水的含酸量对数准则。纯水的 pH 值为 7，酸性水的 pH 值较低而碱性水的较高。天然水的 pH 值主要取决于二氧化碳（CO_2）浓度和可溶钙盐的含量。pH 值对地下水的溶解能力和可溶物质的浓度有很大影响。

地下水 pH 值的范围为 6~8。当空气中含有很强的酸时，如有酸雨的情况下，而且土壤缺乏钙盐，在巴伐利亚森林或松杉山脉，地下水会酸化，其 pH 值小于 5。

pH 值和含酸量对水中钙盐的可溶性很重要，地层含有足够的钙盐可使向土壤中入渗的水富集钙，酸的消耗会使 pH 值上升。最终水中钙盐达到饱和，既不溶解钙盐又不分离钙盐。

钙盐——碳酸——平衡

$$CaCO_3 + CO_2 + H_2O \Longrightarrow Ca^{2+} + 2HCO_3^-$$

钙饱和状态可称为碳酸钙平衡，这与温度和压力相关。水温上升或压力下降，貌似天然的泉出露。二氧化碳是水脱酸形成的，为了维持钙和碳酸之间的平衡，钙从水中被分离出去作为固体物质形式而存在。对这种钙的沉积，一个最好的例子是溶洞里的钟乳石（见图 2-22）。茶锅里和水龙头滤网上的钙沉积也是同一道理。

图 2-22 地下水中的钙沉积

钙影响沸水质量，但在自然界是很吸引人的。如果溶洞中水运移达到化学平衡，可溶钙就会沉积下来，可形成钟乳石岩洞。

经常用导水管极易引起饮用水中的钙饱和，导水管里的水含有大量的可溶 CO_2，在酸的作用下管材会被腐蚀。如果将铜管放到水里，水中含有很少的 CO_2，钙在网上沉积，导管就不会被腐蚀生锈了。值得注意的是，在取水时要将来自不同的地方的水进行混合，如果不按一定的比例混合，照样会出现腐蚀问题。因此，在没交给消费者之前，水不一定处于碳酸钙平衡状态，第一次水处理就是脱酸，这是针对巴伐利亚森林地带贫钙的地层条件而言。

2.3.2.2 地下水中钙的来源——硬度

像在茶炉里看到的一样，钙盐与其他盐类相比在纯水中的溶解性差。不管以什么样的方式，石灰石（钙盐）在地下水中总是可以被溶解的，正如在石灰岩地区形成的巨大钟乳石岩洞，可以得出石灰石在酸性溶液里可溶解的结论。

自然界水里怎么会有可溶石灰石的酸呢？在降水过程中会富集大气圈的空气成分，主要是氮和氧，雨水中其浓度为 10mg/L。在酸的形成中最重要的物质是二氧化碳（CO_2）。大气圈中 CO_2 以很低的浓度存在，根本不会在大气圈发现携带 CO_2 的酸，只在有活力的土壤中可以发现。土壤里存在大量微生物和土壤动物，它们吸收氧气呼出 CO_2，CO_2 可溶解在入渗的水里形成碳酸，达到一定浓度时发生化学反应使钙溶解形成碳酸钙（$CaCO_3$）。钙在水中的溶解量取决于土壤中的 CO_2 浓度，哪里有含钙的矿物质和有活力的土壤，哪里的水就会溶解很多钙。缺少这两个条件，地下水中的钙含量就会贫乏。如阿尔卑斯山石灰岩区，从名字就可以知道石灰岩是较丰富的，但是从地层中的溶解量看则是很少的。其原因是缺少有活力的土壤带，CO_2 的产量也少，在水中只有少量溶解的钙，正如一个水化学家所说，这是水的硬度低。产生较多钙的水，就是高硬度的水（见图 2-23）。不同区域水的硬度会有很大区别（见图 2-24），主要取决于土壤水中携带 CO_2 的量和地层中能"形成硬度"的矿物质的多少。巴伐利亚州硬度最大的地下水是含石膏地层的地区（见图 2-24）。石膏，化学名称为硫酸钙（$CaSO_4$），它在水中的溶解性比钙还好，甚至可在无碳酸的情况下溶解。它可产生的钙浓度高达 500mg/L。

图 2-23 地下水硬度分级

在精确测定水硬度时，可用钙也可用锰表示，但用钙计算时要把所谓的碱

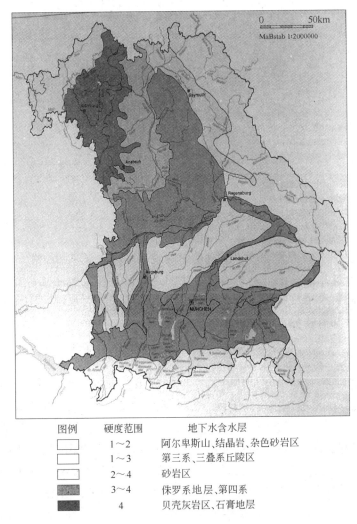

图2－24 巴伐利亚州地下水硬度的地区分布

土金属计算在内。这里提到的硬度精确的科学标志是"碱土金属的总量"（mmol/L）。

在1975年公布的洗衣和洗涤剂法的指导下，确定了饮用水的硬度范围，当今每种洗涤剂的包装袋上都印有剂量标准。他们按照硬度说明的数量（mmol/L）规定进行供水。过去硬度计算用"德国度（°d）"，与此相应的等级分为"软"至"很硬"（见表2－1）。原水的硬度及其他化学成分信息在负责供水者那里可以得到。

钙含量越大，水越硬。这里按1升水的钙含量划分出4种硬度指标。

表 2 - 1　硬度划分（硬度和钙含量）

硬度分级 （按洗涤剂法）	钙含量（CaCO₃） /mg · L⁻¹	标志	硬度 （碱土金属总量）/mmol · L⁻¹	德国度 /(°d)
1	0 ~ 125	软	0 ~ 1.3	0 ~ 7
2	125 ~ 250	中	1.3 ~ 2.5	7 ~ 14
3	250 ~ 375	硬	2.5 ~ 3.8	14 ~ 21
4	375 以上	很硬	3.8 以上	21 以上

2.3.3　地下水观测工作

对地下水的感官印象越好，观测出的结果也越好。

巴伐利亚州水经济管理单位通过不同的观测网搜集地下水数据，以供国家计划和监督任务使用。有关地下水水位、水温、泉保护和化学性质的资料可供每个人使用。大的建设措施中可借助这些数据采用适当密度的观测网作预报，如预报地下水位的升高或降低对环境带来的影响。

2.3.3.1　如何做好地下水位监测

在巴伐利亚州观测地下水位具有长期的历史，可以追溯到 19 世纪后期，20 世纪 30 年代开始系统地建设观测网。2000 年，国家观测网内的观测站约为 2000 个（见图 2 - 25）。一个新的目标是对巴伐利亚州 11 个地下水分区的地下水特征进行了解。为此，必须建设几百个几米至 200 米以上不同深度的新观测站，这些扩建的观测站可与一些井对比观测。平均每 100 平方千米就有 650 个观测站，最终形成了扩建的基本观测网。有些区域，如较大的河流、居民密度大的山谷区要求网眼加密，为此基本网的密度达 3500 个观测站，这就是在 4km² 的范围内建设了这么多观测站的原因。

过去是手动测量地下水位，现在主要是自动记录测量。20 世纪 90 年代开始已使用电动数据搜集器，利用电脑操作进行简单的分析评价。最新的仪器是无线电发报，它可将数据直接送到评价站，可随时观测水位变化并提供给国际联网使用。

2.3.3.2　如何做好地下水质监测

拥有 280 个观测站的第二洲际观测网主要用于控制地下水质，每年采 4 次样。根据课题要求调查 15 ~ 100 个地下水参数，重点了解人类活动引起的地下水污染情况，特别要关注因农业施肥和植物保护剂残渣等产生的硝酸盐进入水中造

地下水位观测站:
● 现有的
× 计划的

图 2 – 25　巴伐利亚州地下水位观测站的地区分布

成的污染（见图 2 – 26）。

　　如图 2 – 26 所示，地下水的长期观测资料显示：大气圈和渗透水的硫和硫酸盐的污染逐渐下降，地下水的污染也缓慢减少。

　　地下水质的专门问题，视具体情况而定。例如，来自工业的氯化碳水化合物的污染要在特殊网站上进行调查。此外，在第 3 观测网选择有代表性的场地，搜集地面上的污染物质和它对地下水影响的相关数据。根据这些数据可以做出以下结论：

　　（1）来自大气圈的物质侵害；

　　（2）在土壤中酸和氮的运移；

　　（3）土地利用和管理的影响；

　　（4）地下水和饮用水酸化的发展情况；

　　（5）气候变化和物质侵害之间的关系。

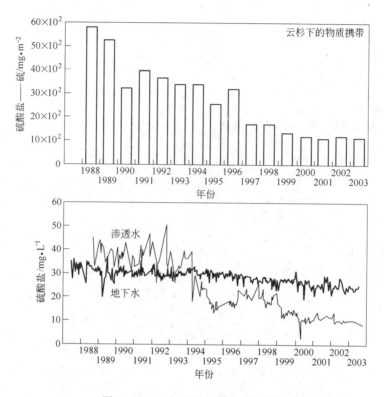

图 2-26 地下水的长期观测数据

为此，在所选择的区域布设了 7 个有代表性的观测区，其中 4 个观测区位于森林，3 个位于农业区。观测重点是地下水保护情况和观测区的土壤层渗透功能，调查入渗水在不同深度的数量和性质（见图 2-27），可了解到哪些物质从大气圈中随着降雨渗入到土壤里。

图 2-27 观测站工作

在水文地质测绘的基础上了解了巴伐利亚州地下水的基本化学污染（本底污染），完成了基本观测网上唯一一次密度较大的 500 个采样点。

2.3.3.3 不同水质类型的组成成分

贫矿物质的水（例如来自 Spessart，Franken 森林、云杉山区、Oberpfälzer 和巴伐利亚森林区的水）。

碱土金属-重碳酸型水（例如阿尔卑斯山石灰岩区、侏罗纪地层和慕尼黑卵石平原区），矿物质含量为 300~600mg/L。

碱-碱土金属-重碳酸型水（例如来自阿尔卑斯山前深层含水层的水），矿物质含量约 400~550mg/L。

硫酸钙型水（例如来自 Franken 的 Keuper 石膏地层的水），矿物质含量约 500~2000mg/L。

氯化钠型水（例如来自在 Berchtesgadener 地区的 Hasel 山的水），矿物质含量六百至几千豪克每升，如图 2-28 所示。

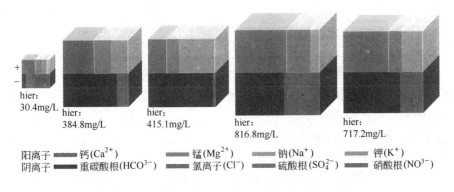

图 2-28 巴伐利亚州的地下水根据其化学成分分类

2.3.3.4 水化学成分中矿物质和离子的升高

地下水所含物质成分与水运移和储存的地层性质有关，岩石的组成成分有助于地下水的矿化作用，其中有以下几种：

(1) 石灰岩（碳酸钙，$CaCO_3$），石膏（硫酸钙，$CaSO_4$）；

(2) 白云岩（碳酸钙、锰盐，$CaMg(CO_3)_2$）；

(3) 岩盐（氯化钠，$NaCl$）。

以上这些矿物盐存在地区的入渗水有足够的溶解能力（例如阿尔卑斯山前地区），地下水矿物质含量相当高，达几百毫克每升。低于 100mg/L 的低矿化度的水主要来自硫酸盐类岩石（花岗岩、片麻岩或杂色砂岩），例如巴伐利亚森林地区，因为这里存在的矿物如石英（SiO_2）和钾长石（$KALSi_3O_8$）很难溶于水。水中矿物盐溶解后形成的离子为带正电的阳离子和带负电的阴离子。地下水里首先含有的是下列可溶物质成分：

（1）阳离子为钙、锰、钠和钾；

（2）阴离子为重碳酸根、氯根、硫酸根和硝酸根；

（3）硅酸和硅酸盐。

按所含的主要物质成分及其浓度可把地下水划分为 5 种类型。在供水上通常使用的是碱土金属重碳酸水，它往往不用经过任何处理便可作为饮用水使用。阿尔卑斯山前的第三纪深层地下水可作为饮用水供应的水，也可作为矿泉水和啤酒酿造水。一般情况下，它没有受过任何环境的影响，但它缺氧且含铁，故在使用前要聚集空气中的氧，并过滤。氯化钠和硫酸钙型水作为矿泉水很受人喜爱，但作为供水会有侵蚀问题。

贫矿物质的水一般是酸性的和很软的水，考虑到化学侵蚀的原因，必须对它进行脱酸和硬化处理，然后才可作为饮用水。这些水都是经过侏罗纪的石灰岩过滤的水。

2.3.4 地下水的生态功能

地下水除作为饮用水和各种用途的水外，还具有重要的生态功能。巴伐利亚地区由于泉的存在和很高的地下水位，形成了很多大面积的生态功能区系统，地下水位的变化对它们有很大影响。

例如，由沼泽林和矮灌木林以及地下水聚集在阿尔卑斯山前形成的 Totei 湖是沼泽面积扩大的区域（见图 2 - 29）。在这里可以发现稀有的动植物物种，因为这里可以为它们提供特殊的潮湿的生存环境。降雨可对大面积的湿地进行长时间的补给，从而为动植物提供理想的生存条件。在自然界中，很少有小溪和河流在洪水期和地下水位变化时为这些动植物群系提供水的生存补给。

随着湿地面积扩大，可以起到泄洪的作用，根据地层的接收能力，部分洪水可在湿地范围内被接收（见图 2 - 30），如果观测孔水位再下降，说明部分补给水已流出。在干旱期间，湿地有足够的水量补给流动水域，使动植物群系的生存得以保证。

地层中的水被开采用于饮用和生活用水，或向湿地排水，使邻近地区地下水位大幅下降，这种情况除泉水区外，在已扩大的沼泽区也曾遇到过，会导致该地的群落环境遭到不可恢复的破坏。由于不存在地下水，所以地层没有水的持续支撑，其后果是有机物土壤成分被分解和矿化，最后出现地表沉降和地层密度增大，孔隙体积缩小，地层对地下水的储存能力下降，同时也会对流动水域的结构

图 2 – 29 南巴伐利亚州自然保护区东湖地区由地下水聚集形成的 Totei 湖

图 2 – 30 洪水时自然界的小溪和河谷区可以补给地下水

和河床造成影响，导致河谷中的地下水动力减小（见图 2 – 31）。

过去地下水沉降引起了许多湿地和河谷的巨大变化，潮湿的群落环境中的动植物不再拥有这种生存基础，面对新的环境，它们必须向农业利用让步。剩余的生存空间造成全世界物种之间的激烈竞争，这将决定它们的命运。其后果是，在与地下水有关的区域，动植物类群落会继续减少（见图 2 – 32），它们往往会受到死亡的威胁，并列入濒危动植物种类的红色登记表中。因此，巴伐利亚州以它的河谷低地计划作支撑，直到今天仍在努力奋斗，湿地和河谷低地又重新湿化，目标是阻止湿地干涸和重新归还原来的物种的生存空间。

图2-31   被阻断的小溪在农业区很少见到

图2-32   湿地将是大量濒临死亡的动植物的避难所

2.4   地下水的合理利用

可以看到杯子里的自来水是清澈干净的，但它是纯净的吗？水里是否含有硝酸盐、植物保护剂或农药，关于这个问题看到了许多报道。要知道不论什么食品（水也是食品）都应该很好地去保护、检查和监督，供水者和卫生局对此是要负责的。必须节约用水，因为地下水不是取之不尽的。

地下水是自然界中最纯净的物质，为了它的将来，应该做到最好的保护。对这种看不见的宝藏，要当作高价值物质来保护。好的地下水是饮用水安全供应最重要的保证，巴伐利亚州的饮用水应尽可能保留其自然状态，直至分配到水龙头（见图2-33），在必要的情况下要进行预处理。除公共和供应私人饮用水外，在其他各方面的使用上，对饮用水的质量也会提出要求，例如作为食品生产的原材料和生产用水。这种纯净的水经常用于农业生产，也可用于专门冷却和生产目的或医药和高技术工业中纯水的加工。深层地下水即通常的热水，往往用于游泳、洗澡、保健以及再生能源方面。

图2-33　巴伐利亚州地下水不必处理可直接饮用

2.4.1　作为饮用水的地下水开采

2001年，作为饮用水供应给家庭（包括小手工业者）的地下水水量总计达 $595 \times 10^6 \mathrm{m}^3$，大约有 12.2×10^6 居民，2001年平均每人每天消耗 134 L，1995年为 138 L，1991年为 145 L。节水的号召和措施产生了效果。巴伐利亚州饮用水开采有 4 种可能（见图2-34）。

（1）来自地下水开采井。首先要开采接近地表的近期形成的地下水，因为它会快速循环更新。孔隙含水层一般位于地下 20m 之内，裂隙含水层一般在 100m 以下。深部含水层中的水的寿命在五万年以上，因为这种水更新得很慢，所以必须要保护。供水者每年通过 4300 眼井，供应到巴伐利亚州饮用水管里的地下水达 $663 \times 10^6 \mathrm{m}^3$（见图2-35）。

（2）来自泉的地下水。泉水由于受到完好的、未受污染的土壤盖层的保护，在质量上可认为是"真正"的地下水。上覆盖层较薄的地下水来自于裂隙和解理，在强降雨时由地表渗入，故水质易受到侵害，这时要对泉水做过滤和消毒处理。饮用水供应来自 4700 个泉（见图2-36），总取水量为 $192 \times 10^6 \mathrm{m}^3$。

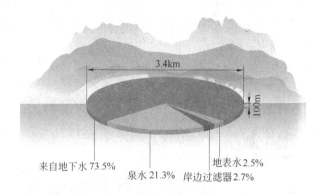

图 2－34 巴伐利亚州饮用水组成

图 2－35 小村庄和州首府城市慕尼黑饮用水通过保护最好的井开采供应

图 2－36 清澈的喷泉（上升泉）是巴伐利亚州饮用水最受重视的部分

（3）岸边过滤器。岸边过滤器（傍河取水）是河岸边的开采井，通过安装在河岸边的地下管道（过滤管），靠"自然"渗入和净化开采河水，处理后可作为饮用水使用，巴伐利亚州来自傍河取水的饮用水量达 $24 \times 10^6 \text{m}^3$。

（4）来自湖或河谷坝水库的水。如果此地地下水的储量不足，可从湖和河谷坝水库中取水。Franken 的远程供水就是利用 Mauthaus 河谷坝水库的水。Frauenau 河谷坝水库为巴伐利亚森林区饮用水供水提供了可靠保证（见图 2-37）。Lindau 市的饮用水要求由博登湖来供给。从提取前到饮用水使用，要对地下水经过多级的净化处理，直至达到标准时才能作饮用水供应。巴伐利亚州来自地表水的饮用水只有 $23 \times 10^6 \text{m}^3$。

图 2-37　Frauenau 河谷坝水库

巴伐利亚州很幸运的是 95% 的饮用水来自地下水和泉水，这在全德国是处于顶尖的，全国来自地下水和泉水的饮用水平均为 74%。

1974 年，巴伐利亚州在一个勘探计划里对地下水储量作了进一步调查，调查表明适合作为饮用水供应，每年可开采 $2 \times 10^8 \text{m}^3$ 地下水。区域规划中规定，用水保护区和优先区必须保证绝大部分地下水储量将来是够用的。

（5）从啤酒生产质量来看慕尼黑市的饮用水。1854 年夏天，来自全世界的许多访问者到慕尼黑旅游，他们都是来参加国家皇庭歌剧院计划召开的戏剧节周和国际工业展览会的。当时正值一个超密度人口城市霍乱、传染散布的时候，其死亡人数使人惊慌。这时，慕尼黑医药学家 Max von Pettenkofer 教授致力于霍乱诱因的研究，他指出，需要治理公共供水设施和建设"冲洗排水工程"。

针对这个"大荒唐项目"出现了不少阻力，如一些报纸报道的，改善城市结构需要得到前市长 Erhard 的有力支持。1874 年，Mangfalltal 的 Taubenberg 正在计划利用地下水，首先要考虑的是到慕尼黑大约 40km 的运输距离。项目反对者首先证明了管路存在高风险，所以，在做 Mangfalltal 地下水利用的最终决定之前，需要做一些详细调查。仅化学调查就连续做了 6 年，决定补充要求做一个酿造实验的化学分析，这个化学分析是慕尼黑市的 Franziskaner 酿造厂做的。用马车把 10000L 桶装地下水从 Mangfalltal 泉运到慕尼黑，用来做啤酒汁试样，其结果令人十分满意。

酿造试样表明，用于实验的泉水无有害的病菌，可以酿造出最优良可口的啤酒。得到这个有利的证据之后，人们建议 Mangfalltal 泉建设成慕尼黑市的供水水源地。之后的 100 年左右，慕尼黑人喝的啤酒和水大部分都来自这个水源地。它除适用于非常精细的啤酒酿造外，还成为检查水中是否含有可疑物质的可信标志（见图 2 - 38）。

图 2 - 38　100 年前建造的 Mangfalltal 泉水管

如图 2 - 38 所示，100 年前建造的来自 Mangfalltal 的水管，计划首次得到慕尼黑人的同意，然后证实了这种水可以酿造出好的啤酒。

2.4.1.1　巴伐利亚州的饮用水由上千眼井和泉供应

巴伐利亚州的 2500 家公共企业饮用水供应是无限制的，为此它们通过必要的机构对饮用水进行分配（见图 2 - 39）。与其他联邦州相比，巴伐利亚的供水多数是地方性的，且往往是小的供水者，即饮用水就地开采。所以，特别要关注对地下水区域的保护。

巴伐利亚的一千二百万居民中，98% 靠公共供水。除这种公共中央式供水外，在农业地区还有大量自供水方式，大概共有 100000 眼民井或泉（见图 2 - 40），用这种泉集水的井，可以解决很大的饮用水需求问题。

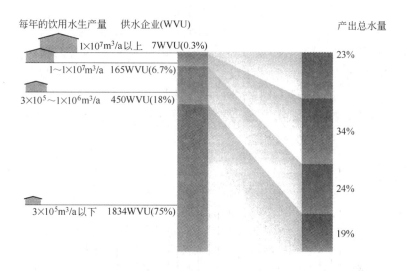

图 2-39 公共独立的饮用水供应

图 2-40 泉集水的井

2.4.1.2 洗浴在巴伐利亚是水消费的最大部分

统计资料表明，2001 年每人每天消耗饮用水 203L，若扣除手工业、工业、农业的消耗，只考虑私人家庭和小型企业，则每人每天饮用水消耗量为 134L。

巴伐利亚饮用水消耗仅比德国各联邦州的平均数多出 7L（见图 2 -41），在水消费量上巴伐利亚居中，不多不少。斯莱斯维格 - 霍尔斯顿(Schleswig-Holstein) 市最高用水量为 152L，而图林根 （Thürlingen） 最低为 87L。据统计，喝水和做饭使用的饮用水只占 4%，而洗浴用水占 36%（见图 2 - 42 和图 2 - 43），冲厕用水约占 27%。1990 年以来，人们找到了许多节水方法，如在家庭里安装节水设备（卷筒式洗衣机、厕所冲洗节水箱、节水器），这些设备的使用取得了很大的节水

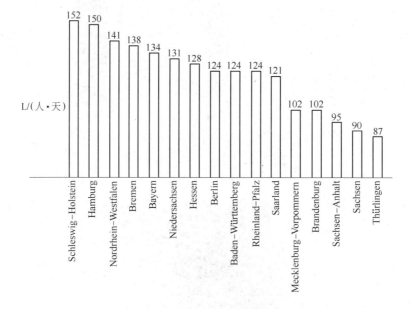

图 2 -41　德国各州水消费量对比（家庭和小企业）

图 2 - 42　以达到饮用水质量的洗浴水

（2001 年联邦德国公民每天每人洗浴用饮用水 46L）

效果。至 2010 年，新的工艺技术和环保意识的进一步提高把水消耗降了 10% ~ 15%，目前德国的人均消耗水量在欧洲是最低的（见图 2 - 44）。

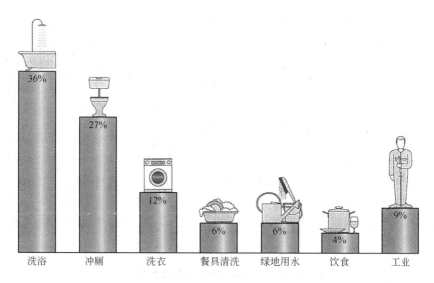

图 2 - 43　2001 年德国每天的水消费的分配状况

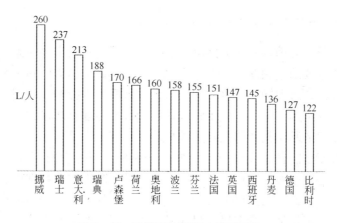

图 2 - 44　欧洲各国家庭水消费对比

　　进一步的计划是，水消耗量减少的同时使费用减少，现在这只是一个构想。水厂的费用由投资费用、技术设备的保养和维修费用以及给水量的多少决定。节约用水是通过提高每一立方米水价来实现的。

　　事实上，巴伐利亚州的水费与其他联邦州相比是最低的（见图 2 - 45）。如果只为短期利益而放弃节约用水，我们必须对未来水资源的保护负责，而实际行动上的节约才是有价值的。

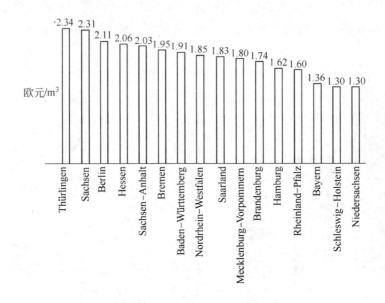

图 2-45   德国各联邦州饮用水价格对比

（资料来源：BGW. 2004. 1. 1. ）

2.4.1.3   通过饮用水质量检测可放心使用

饮用水质量一方面取决于天然物质的含量，影响它的重要因素是含水层上覆土壤层，因为水要通过它渗透补给地下水；另一方面是病原体和环境化学药品残留物，它们可以通过不同方式进入地下水，对水质产生影响。饮用水规范对进入地下水的物质在医药、卫生、微生物和化学参数方面都有严格的极值规定。德国饮用水规范制定的基础是欧盟的水质法规。

极值相当于预防值，实测值一定要低于极值，但是暂时（短时间内）超过极值时，也不必担心对健康产生危害。首先，婴儿和小孩是特别敏感的人群，应该给予他们和特殊保护的人群最大的安全保障。如果某种成分超出极值，必须立即将调查结果汇报给健康管理局，尽快做出决定并采取应对措施，如消毒或禁止出售等。

饮用水常规调查参数有 50 多个。饮用水的供应要有安全保障，它是具有高度安全性且不必担忧是否会产生健康问题的水。要事先确定好每个供水设施的调查种类、范围和频率（见图 2-46 和表 2-2）。

根据饮用水规范，巴伐利亚州 60% 的供水要通过井或泉抽取地下水。首先要对土壤进行自然保护，然后对确定的饮用水保护带进行额外保护，再通过水经济和健康管理部门的积极监测给以担保，以保障公共供水的质量。

图 2-46　网眼式检查和严格的极值是饮用水高质量的保证

表 2-2　饮用水供应所选择的调查项目

项　　目	极值/mg · L⁻¹	项　　目	极值/mg · L⁻¹
铝	0.2	钠	200
铵	0.5	镍	0.02
砷	0.01	硝酸盐	50
铅	0.01	氮化物	0.5
硼	1.0	植物保护剂（单物质）	0.0001
镉	0.001	植物保护剂（总量）	0.0005
氯化物	250.0	汞	0.001
铬	0.05	多环芳香族的碳水化合物	0.0001
氰化物	0.05	硫化物	240
铁	0.2	大肠杆菌	0（在 100mL 里）
氟化物	1.5	肠球菌	0（在 100mL 里）
铜	2	Coliforme 菌	0（在 100mL 里）
锰	0.05		

　　出于生产和预防的原因，许多供水部门都会对饮用水进行调查，正如前面谈到的定期调查和广泛调查。

　　Ⅰ级饮用水的前提条件是好的水源。1995 年，巴伐利亚州环保部把具有报警功能的装置加入到自监规范里，自此之后，它被放在井、泉或其他的水源调查观测站里，当超过极值时就会报警，从而降低了风险。

2.4.1.4　从原水到纯水过程的加工处理

如果谈到巴伐利亚州的水处理，出于供水技术的原因，大家认为水处理是必要的（见图 2 – 47）。被开发的地下水需要立即送入水厂进行处理，原因是水中缺氧或含多余的碳酸，它们会促进腐蚀作用。这种水通常可直接饮用，但不能通过管路运输到消费者那里，否则会造成危害。

图 2 – 47　饮用水到达消费者之前通常都要在地下储备池里储存

供水者认为，从井或泉开采出来的地下水进入到水厂后便是原水和处理水，从水厂分配给人们后则为纯水。在巴伐利亚州，出于技术原因，要求 40% 的原水在使用前进行处理（见图 2 – 48），主要为了用管道进行"分配"输送。一般情况下，水要通过饮用水网分配到房屋设备，最后输送到水龙头。这个过程需要几天时间，而且水会获取管道中的物质成分。这种方式会使导管遭到损坏，而且会使有害的腐蚀产物渗入到饮用水里。出于化学腐蚀的观念，在水厂里有问题的

图 2 – 48　必要时对饮用水要用现代化技术作预处理

原水通常要用近自然的方法变成"可分配的"纯水。

来自公共供水厂的饮用水水质很好,因为大部分是在邻近居住地开采的地下水,特别是对水保护区的保护保证了水质安全。

针对含有毒性物质的饮用水和其他的"水改善",有些过滤器生产者发布广告,如重金属、氯化物和碳水化合物、农药或硝酸盐类会使饮用水污染增强,这只是广告不真实的宣传,若真是这样,供水厂就会被健康局关闭了。从公共供水来看,家庭用过滤器对饮用水进行再处理是没必要的。

严格地说,这种仪器会起到反作用,不仅不会改善水质,反而会使水质变坏。在室温下长时间过滤会有利于水中微生物的生长。从各方面来说,这种仪器既不必要也不值得使用。

另一种是饮用水脱硬:喝热茶和咖啡的人的饮用基础是软水。饮用咖啡时,水中的沉淀对人们的感官影响很大。有些消费者希望饮用水脱硬后会改善水的味道。

很少的情况下,水的硬度为4时却有技术处理的必要(见图2–49~图2–52)。在家里可以定时使用硬度稳定剂,如磷酸盐。另一种是离子交换,从水中脱离出的钙和锰与钠进行交换。营养学家认为这种方法值得深思,特别是带有交换过滤器的给药器的水煮沸时会有味道,存在巨大的生菌危险。针对这种情况,用银浸渍的防菌过滤器在水里停留片刻,因为银离子可抵抗细菌繁殖。同样,在使用反渗透膜片时也存在被细菌污染的危险。

图2–49 磁力水除硬器

图2–50 饮用水喷射器
(使自来水在一个强力吸尘器上得到改变)

近年来,投入使用了磁力和电力作用方式的物理处理仪器,这些仪器的作用还要在实践中考验。检验方法依据德国汽水联合会(DVGW)制订的标准。买这

图 2 – 51　除铁过滤器的净化作用
（左图带有拦截铁絮凝固的上部过滤器，右图是干净的下部分）

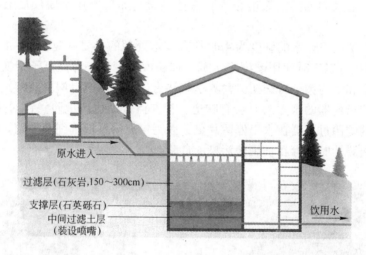

原水进入

过滤层(石灰岩,150～300cm)

支撑层(石英砾石)

中间过滤土层
（装设喷嘴）

饮用水

图 2 – 52　最现代的除酸设备（首先处理软水）

种仪器之前应该先做好调查，看它的作用是否与 DVGW 的仪器类似，并要查看证明。还有其他组织的检验标准，例如 TUV，它涉及的只是技术安全而不是仪器功能。

一般情况下，可使用简单的措施避免热水设备上的钙沉积，如限制热水温度最大为 55℃。值得指出的是，在很高的投资费用、管理费用还有脱钙和清洗等各种费用下，功能还算可以的仪器几乎是经济生产难以达到的，它完全可以预测到卫生保健方面的风险。

出于生态和经济原因，买一个"饮用水喷射器"是有意义的投资。这个仪器可以通过附加的强力吸尘器检查自来水中二氧化碳的变化，它在价格和类型方面很合理。四口人的家庭购置时，可在一年内分期付款。附加效应是减少了长的运输管道和瓶子清理费用，并有利于环境保护。

二氧化碳（CO_2）含量高的水在用薄管路分配时可能出现侵蚀现象，因此在水厂要把多余的二氧化碳分离出去，即水脱酸（见图2-52）。通过将石灰粉碎成小细块通过过滤层或用空气将 CO_2 吹出。还可以通过加入适当剂量的碱性反应物，如苏打、石灰浆和苛性钠溶液。巴伐利亚州中有必要进行原水除酸的地区主要是巴伐利亚州森林地区、上 Pfätz 森林、云杉山区和 Spessart 地区，也包括贫钙地层。因为贫钙地层缓冲区地下水中的 CO_2 含量不足。

缺氧的地下水含有高浓度的铁、锰，个别情况下也含砷和铝（见图2-53）。为了使输水管里形成一个抵抗侵蚀的保护层，必须使水中含有足够的氧气，因为有空气进入水中时，铁和锰就会变成暗褐色，沉淀在管网里。所以，缺氧的水必须在水厂里处理，保证其与空气混合时有氧渗入。通过曝气，铁和锰被氧化，从溶解状态变成固体状态。铁和锰的氧化物在水里形成细的絮凝团，然后在石英砂过滤层被拦截（见图2-51）。这种现象在自然界也出现过，如果贫氧和富氧地下水相遇，就会出现这种现象。在水厂里促进这种自然过程的实现则会产生干净的纯水。曝气后要过滤出有干扰的物质，如前面提到的砷和铝。另外，处理设备的设计要适合预处理水的性质。

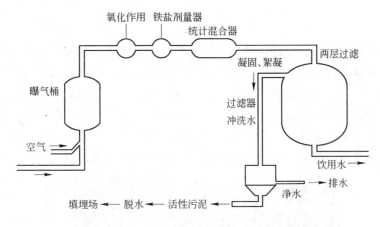

图2-53　一个复杂的缺氧含砷地下水处理设施的工作程序

经过复杂的多级处理后的水并不比被保护的天然地下水好很多，在巴伐利亚州，这种饮用水的处理方式只在特殊情况下才使用。它往往仅在岸边过滤、河谷坝水库或湖里开采的饮用水中使用。

当地层的过滤作用不满足时，要使用消毒剂处理，使病原体在所开采的水中的含量不超过20%。

近年来的明显趋势是通过紫外线进行氯处理（见图2-54）。已证明被处理过的水无味道影响，也不会对副产品有干扰。用紫外线对饮用水消毒处于增长趋势，但这不一定适合每种水。紫外线不能与氯气长期作用，更现实的问题是它不能防止细菌在管网里繁殖，因此使用这种方法时要认真权衡可能出现的风险。在有些情况下氯气难免会残留在水中。

图 2 - 54　用紫外线照射替代氯消毒

消毒剂处理和紫外线处理两种方法都存在明显不合理的地方，因为在它的影响下可能不会杀死全部病原菌，所以必须在消毒前滤出混浊物质来。在巴伐利亚州，使用一种新型的超滤器对受微生物污染和含有混浊物质的水进行处理（见图 2 - 55）。将消过毒的水再通过小于 $0.1\mu m$ 的超细网眼的过滤器过滤，因为普通细菌的大小为 $1 \sim 2\mu m$，这样所有的细菌和其他病原菌，甚至 Viren 都有可能被拦截住。据调查，这种方法对处理含有混浊物质的原水也适用。对于小的水厂，

图 2 - 55　超过滤技术

一定要在权衡经济效益之后再考虑选用这种高费用方法。综上所述，最好的解决方案是对地下水进行很好的保护后再开采，这样就不必再做消毒处理了。

2.4.2 地下水的广泛应用

地下水最重要的用途是作为饮用水供应，还可应用在食品生产、工业以及温泉疗养洗浴中。特别是在炎热的夏天，可以在花园里享用来自自家井里的地下水。

2.4.2.1 地下水在食品工业中的应用

食品生产中以各种各样的方式使用地下水。生产时可作为主要和附加材料使用，例如，酿造业中，可以作为进一步加工之前的清洗用水，用于水果蔬菜加工；制酪场中，可用在生产过程之后，用于清洗机器和仪器；酒精蒸馏时，作为冷却用水使用。这里仅用以上几个例子说明。

在其他部门也一样，但在食品生产工业和卫生保健方面，地下水处于绝对优势地位。

（1）在食品生产中的消费。

1）酿造业：每升啤酒用3L水（非冷却用）；

2）糖业：每千克糖用30L水；

3）屠宰场：每头大牲畜用5000L水。

（2）巴伐利亚州最可口的饮料。

啤酒是巴伐利亚最可口的饮料，巴伐利亚的纯正啤酒是在1516年出现的，有4种主要配料：水、忽布（啤酒花）、麦芽和酵母。每一种配料都要仔细寻找，并要保证品质都是最好的，这样才能酿出味道可口的啤酒。

啤酒的90%由水组成，故这个配料（水）的化学和生物性质对啤酒的质量和味道起着决定性作用。许多酿造厂至今仍有自己的井，配送之前都要对水进行处理。考虑到味道因素并为了使啤酒能长久保存，要用紫外线去除水中的细菌。

根据啤酒的特点，水中矿物质含量要达到一定的要求，过去是按地下水的地域差别生产不同味道的啤酒，而现今利用不同的先进的处理方法进行生产。例如，水中进行离子交换和可逆渗透时，可按要求精确地调整水的含盐量。

当然，如果利用不合适的地下水，即使使用所有的现代技术也很难酿造出好的啤酒。巴伐利亚不同类型的地下水可生产出各种各样不同味道的巴伐利亚啤酒。

2.4.2.2 借助循环经济节水——工业中的地下水

不同的经济部门对水质有不同的要求，电厂或机器制造业的冷却水对水质的要求不高。而其他的高科技产业，例如，半导体的生产必须使用纯水，所以，要通过大量的处理工艺，把自来水中的所有干扰物质分离出去。

在巴伐利亚州，每年工业和手工业大约耗水 10 亿立方米，在公共供水中占一定比例。通过节水技术，每年可节约 2.5 亿立方米来自地下水和泉水的水量，占总水量的 1/4（见图 2-56）。在这个管子里流动着奶，20 年前，用 5L 水才能生产出 1L 饮用奶，而现在只用 1.5L 水就行。那时，水的循环使用是理所当然的，当今主要从河流或小溪抽取地表水用做冷却用水。在近 20 年的努力下，巴伐利亚州来自自己的地下水井和泉水及公共水网的工业供水已经减少了一半。2000～2010 年，在带有经济意义的新环境条约里，希望水的产量提高 10%，地下水的消耗进一步降低（见图 2-57）。

图 2-56   节水技术应用

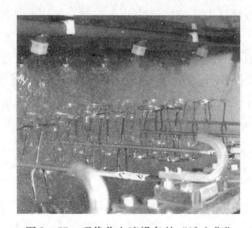

图 2-57   现代化电流设备的"洗衣街"

2.4.2.3　有保健功能的疗养泉

自古以来泉就富有神秘性，有些地下水至今仍具有保健作用，天然的疗养泉本身就具有疗养价值。因泉水特殊的化学成分或物理性质，可以通过人工开采，让它为人类保健服务。

要获得"矿泉"称号，必须得到国家认可，若要把一个泉作为氡气矿泉使用，必须证明其具有保健作用。为此，需要完成矿泉分析的鉴定报告。

巴伐利亚州有80多个矿泉是国家认可的，每个地区的矿泉都有自己的特征。在 Franken 的 Bad Kissingen 和 Bad Brückenau 疗养地的泉水是典型的碳酸型水。较著名的是硫酸矿泉，例如，Bad Abbach 和 Bad Gögging，Baderdreiecks 与 Bad Fussing，Bad Griesbach 和 Bad Birnbach 的热水温泉。Bad Reichenhall 是盐水泉。此外，巴伐利亚还有氡气泉、铁泉、碘泉、矿泉、贫矿泉等，每年都吸引上百万的疗养者（见图 2 - 58）。

图 2 - 58　巴伐利亚州疗养浴池

A　从罗马浴场、中世纪温泉浴场到君王的国家浴场

起初，矿泉作为一个地区的神秘医疗场所，事实上，一开始引人注目的却是它不好的气味或味道。泉最早的名字叫"苦矿泉"、"酸井"或"臭井"。很早以前，"矿泉"来源于因含盐而出名的 Bad Kissingen，据日耳曼人 Tacitus 报道，因可以从那里采盐，为占有这个泉曾引起了战争。

罗马人统领期间，在日耳曼人最重要的军事基地，高度发展并扩大了洗浴文化，Bad Abbach 和 Bad Gögging 硫酸泉浴起源于这个时期。温泉的出现使泉水不仅能够洗浴，而且还使军事基地成为了文化和运动中心。

中世纪起，一些著名的城市出现了放荡的浴房，胚细胞梅毒成了享乐带来的流行病。后来，为了远离疾病，把浴池搬迁到大自然里，在这种"温泉浴场"，可以在很简单的木盆里自由地享用自然环境，同时可以用葡萄酒和菜肴提神（见图 2 - 59）。很多皇家客人也到这里治疗痛风和腹痛。从这时起，将矿泉用于疗养闻名于世，一开始出现的只是很简单的木制容器，后来便修建了带墙的泉亭，泉亭成为了奢侈的建筑。Franken 矿泉的辉煌时期是从 Würzburg 侯爵主教开始的，他建设了豪华的疗养花园和疗养院，后由巴伐利亚州国王改善和扩大，发展成世界性的浴场。外国的皇帝和国王都经常到这里做客，巴伐利亚州的国王和家属也定期到这里修养，往往住上几个月，并在这里统治国家。

图 2 - 59　1519 年的木刻版画装饰
（一个矿泉小册子的插画）

B　矿泉水、矿物质水和瓶装矿泉水及宴席用水的区别

“自然界的矿水”或称之为矿泉水，任何情况下都来自于地下水，在泉水地直接抽取，其中的矿物质和微量元素等必须是自然生成的，和饮用水一样。德国药品法关于矿泉水已有严格的规定，必须要满足以下这些规定。

（1）总成分里每升必须含有至少 $1000\mu g$ 的矿物质或单一的特征物质（如二氧化碳、氟化物或碘化物），并具有一定的浓度。

（2）要有特别严格的监督制度，意思是其矿物成分和微生物性质要由独立的机构进行流动检查。

（3）开采和装罐设备必须严格满足药品法的要求。

（4）它的保健作用必须有科学的鉴定证明。

作为矿泉水，其要求比天然的矿物质水要严一些，这是获得官方认可所必需的。过去，矿物质水每升必须有 $1000\mu g$ 的矿物质或泉里有至少 $250\mu g$ 的可溶性二氧化碳。现在只需通过化学分析证明普通地下水的水源纯净，就可被认为是

"天然的矿泉水"。在化学方面，只要含有碳酸就可被称为好的饮用水。

　　"瓶装矿泉水"是用盐水（自然的或人工的盐溶液）和碳酸混合普通的自来水生产出来的。由于它的高含盐量，在装瓶和储存时可能会发生一些变化，与标准的自来水相比，并没有更多的优势。要强调的是，若不是特殊的饮食需要，将普通的饮用水替换成矿物质水或瓶装矿泉水并无健康保障，实际上，在许多方面饮水的供应比矿物质水和瓶装矿泉水要求更严格（见图 2-60）。

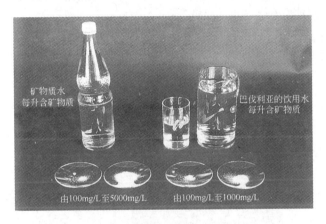

图 2-60　饮用水与矿物质水相比并不逊色

2.4.2.4　借助于地热的地下水热利用

　　水的热利用可以分为两种类型：冷却和加热。一般情况下，可用河水作为工业的冷却用水。开采地下热能和地下水后通过热交换和热泵来发电和加热（见图 2-61）。这是为了节约化石燃料、减少空气有害物质及 CO_2 的侵蚀。现今这种对环境有利的技术已迅速蓬勃发展。

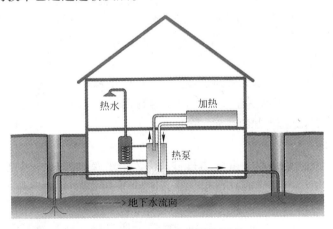

图 2-61　地下水热泵的原理

近年来，几个热利用的大项目，即来自 Erding、Straubing、Simbach 等和 Unter-schleiBheim 的地热井已开始使用。2004 年，München-Riem、Unterhacing 和 Pullach 的地热项目正在建设，并将在短期内完成。同时，慕尼黑大空间项目正在进一步的规划中。还在发展阶段的"Hot-Dry-Rock"方法即水可通过一个钻孔被压入干燥的热岩体里，然后以蒸气和热水的方式通过第二个钻孔被开采出来。

考虑到环境保护地热的利用在原则上是有意义的，但由于这类项目的初期投资太大，所以只能靠国家才能使其实现。

私人部门已看到了好的苗头，近年来热探头和热交换器技术一再得到改善，私人家庭使用比较经济（见图 2－62）。这对国家项目是一个额外的刺激，使这个对环境有利的技术至今仍有较大的使用价值。

图 2－62   减少投资的节能热泵

1919 年，在 Straubing 一个褐煤矿井打钻时，在 800m 深处遇到了水。一个目击者写到："喷泉喷出一座房子那么高，水温 36℃，有咸味，这是至今在地下最深处开采出的水。"如今，由于钻孔封闭无人找到，也就不指望它被遗忘了 70 年之后还能取得成功。

1989 年，又重新考虑如何通过这个热水井开采地热。同年，用欧盟的促进资金打第一个钻孔，不负众望，在 825m 处打出了丰富的水。经科学调查首次证明，根据水的矿化度和其他性质，除热利用外，作为洗浴用水也是很适合的，因此也可计划用于洗浴水。

按自然压力测定，抽水量可达每秒 29L，用水泵抽水时，可达每秒 45L。为了使地下水储量得到有价值的保护，需控制开采量，如每秒只开采 2L 水用于洗澡，余下的可满足热利用需求。这种水按化学需要不能被改变，必须把用过的水重新通过水泵回到这个深度。这种纯净措施是通过第二钻孔来实现的，根据水文地质条件，要求孔距在 2km 以上。

为了达到纯净作用，水在开采井中，通过热交换时会冷却10℃，开采利用热能的原因首先是公共设施，例如学校、养老院、议会厅和博物馆的供热，游泳池和疗养院用水就达 $70000m^3/a$，这样就节约了天然气，如图2-63和图2-64所示。

图2-63 巴伐利亚无间歇热水喷泉和可以使用的地下水热能蒸气

图2-64 来自深处的热水用于Straubing的游泳池及公共设施用水供热

2.4.2.5   民井水作为灌溉水而非饮用水

由于管道饮用水要达到高质量标准，所以如果用于花园灌溉有些可惜，这时最好用雨窖里的水，如果地下水位在地下几米，就可利用地下水。

过滤器打夯井和过去的房井都是很简单的，容易施工。地下水不仅可用电泵，也可通过手摇泵提取上来。根据地下钻孔和冲击钻井的管理规定，在官方登记后至少要一个月才能审批下来。除钻孔外，还要确定水保护区范围，办理审批手续。对于一般房主，地下水的利用请求得不到批准。一般地区地下水水质能达到家庭花园的用水标准（见图 2 - 65），任何情况下都存在与区域地质条件或地表相关的地下水污染。如果对地下水水质存在疑问，可到当地经济局或健康局进行咨询。

图 2 - 65   自家花园的浇注水

来自花园井中的地下水不能做饮用水使用，饮用这种水会危害健康。禁止这种井与家用设备连接，井中水混入管网后会对公共饮用水造成危害。

如图 2 - 65 所示，来自自家花园的浇注水，可节约宝贵的饮用水。

2.4.2.6   地下水利用的环境影响

在公共饮用水供应方面，应该优先使用地下水，这一点已纳入巴伐利亚的发展计划（LEP）。由于他们增加饮用水的要求得不到满足，手工业已停止采用地下水，考虑使用地表水、雨水等。

应该注意地下水的利用对环境的影响，无论在何地、以何种方式都不要过量的开采地下水。1992 年，在里约热内卢召开了联合国大会，环保部指出 21 世纪议程要求实现可持续发展，以确保我们的后代与环境共同发展。这意味着，要根据生态合理的程度对地下水的利用进行限制。

根据现在的科学水平，预计每年生成的地下水（补偿水）可利用的量约为16亿立方米，供水和工业用水量为9.4亿立方米，其中60%来自地下水。这种情况说明，巴伐利亚地下水平均含量还足够丰富，但因有地区差别，这就要求巴伐利亚州将来要精心经营和管理。

一般情况下，要对私人提出增加地下水开采量的要求进行审批，为此必须证明计划的地下水取水量是否合理：

（1）是否满足实际用水量；

（2）是否符合可持续发展原则；

（3）不能引起水经济危机和生态破坏；

（4）无权利和要求对第三者造成侵害；

（5）总之要与公众利益协调一致。

只有满足规定的条件才有可能获得批准，批准后还要对地下水的开采及其造成的环境影响进行跟踪监测，确保长期开采条件下仍满足规定。1996年的自检规范中规定了必要的观测项目和数据记录的最低要求。专业人员可利用不同的仪器设备对地下水开采利用造成的影响进行检测和评价，包括以下几个方面：

（1）抽水试验。包括大量的短期、长期抽水试验，地下水位不允许降低到极限值。定期观测地下水位并和等水位线对比，确定地下水的水力坡度、流向和速度。

（2）地下水平衡。为了确保地下水开采利用的安全，要求整个流域在长期利用中不能耗尽其自然补给量（见图2-66）。

图2-66　地下水平衡可持续的原则

（3）地下水数值模型。在特殊情况下，要保证地下水利用的可持续性和地下水水均衡预测模拟可信性。

如图 2 - 66 所示，地下水平衡可持续的原则，即地下水的生态平衡是一个可对比的敏感网络，它可遭到迅速破坏。地下水只允许在限定值范围内使用，这样其自然界平衡便不会遭到破坏。

自然界中深层地下水的更新比地表水慢得多，要经过特别严格的评价来判断其是否允许利用。由于开采深层地下水不会改变其化学性质，在无经济条件的情况下，必要时也允许利用，但地热利用除外。

总之，对地下水的开发利用应严格把关，保证地下水的可持续供应，并密切关注其环境影响。在这个原则下，如果自然界不再产生新的地下水，那么地下水就不能被开采。为了避免生态被破坏，必须在对一个地区做出地下水平衡调查后确定指标，并认真执行。只有限制地下水的使用才能得到更好的利用，并要优先作为饮用水利用（见图 2 - 67）。

图 2 - 67   可持续利用才不会使泉水干涸

借助数值模拟的地下水开采计划是运用钻孔试验、井和观测站的数据可大体绘制出调查区地下水的基本情况，进一步了解地下水在大空间范围内的关联和交换作用。观测站和抽水试验费用较高且比较耗费时，出于对费用的考虑，有些数据可由含水层水文地质模型提供。在简单情况下可借助数值计算公式校正。在复杂的水文地质边界条件下，用普通的分析方法在地下水数值模型中可较快地确定其边界，在地下水中出现的各种各样和重选的影响可用专门的计算机程序进行模拟，然后互相联网。可在空间模型里详细给出并评价其结果，在某种意义上可看作一个地下水体。

计算模型不仅可以对地下水的自然流动状态进行描述，而且还可以对人为变化和物质扩散进行预测（见图 2-68），为经济决策奠定了基础。用数值模拟主要可以解决 3 个方面的工作：

（1）水文地质模型的解译；

（2）根据观测数据对数值模型进行调整和检查；

（3）用校准模型进行预测计算。

首先是建立模型，用较少的费用可反映出一个计划措施的不同变化并计算出它的影响。用数学模型预测地下水污染，可预测有害物质的扩散能否威胁到饮用水井。

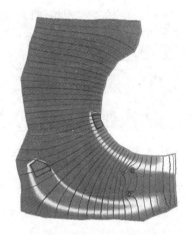

图 2-68　预测污染的数学模型

2.5　地下水面临的威胁——处在风险中的宝藏

人类生存的环境中有内燃机排出的尾气和烟囱的废气、加油站发出的臭味、农田的粪坑、土壤中的漏油。一个工人调查了某个场地堵塞的管路，发现环境中到处泄漏着各种物质，它们是否会进入地下水？进入地下水后将会发生什么？

在每天的生活中，不管是在工业生产、商业还是家庭活动中，周围都有或多或少的有害物质。这些有害物质中的某些成分会污染地下水，从局部和整体上对水经济造成了不同程度的危害。

局部的污染主要来自过去的工业活动，即来源于所谓的旧工业场地和废弃的大垃圾堆，工业生产中的运输事故或漏损量都会导致局部地下水的污染。

有史以来，农业中的土地利用是地表物质对地下水产生污染的主要原因，主要的污染物是硝酸盐和植物保护剂。酸雨和空气中的氮氧化物会通过土壤进入地下水，并造成大面积的地下水污染。

一种物质会对地下水造成怎样的危害取决于它的毒性、分解状态和它在土壤里的活动性。一种物质的毒性越大，在环境中停留的时间越长，越快进入到地下水中，可把它划分到危害程度较高级别。

水中的有害物质的危害级别可以划分1（较弱的水危害）～3（较强的水危害）级（见图2-69）。级别越高腐蚀性越强，则要采取安全措施。例如，某种芳香型氯化碳水化合物是强危害级别的物质，它是强毒性物质，在环境里很难分解，但在地下活性很强。洗净剂中的四氯化物（Tetrachlorethen）很容易渗入到1m厚的混凝土和不透水岩层中且入渗速度很快。

图2-69   水危害级别划分及对生物的影响

经过多年的努力，在许多领域内对水有害的物质的使用一再减少。当前的问题主要是对过去造成的污染以及现实事故释放出的有害物质的处理，如图2-70所示。

图2-70   1945年之后用枪对毒气榴弹进行一定安全距离的射击

2.5.1   历史的继承者——土壤的有害变化和污染

在古代，人们从土地中开采原材料时会对生产的残渣进行处理，由于当时生产规模较小，对地下水产生的危害也相对较小。到中世纪，制革业和染坊的出现导致了直接范围内较强的水污染。到 19 世纪，由于工业技术生产对环境破坏的现象明显增多，产生了一些土壤和地下水的污染，可称为典型的陈旧污染（Altlasten）。1950 年之后的污染大多数都来自陈旧污染。当德国经济奇迹般复苏时，似乎忘记了生产对环境的影响，出现了漏损和泄漏对于土壤和水域的污染。这种例子有许多，例如为防止铁道枕木受气候影响会用化学药液浸渍，将枕木放入装有水银盐溶解液和重煤焦油混合物的池子里浸泡，然后把它堆成垛在外面晾干。难免会有大量浸渍液的泄漏，并很容易渗入到土壤里，人们也很容易受这种污染。因此，我们希望土壤净化，并对地下水有足够的保护作用。

以前对生产残渣或生活垃圾的垃圾堆还没有严密的密封措施（见图 2 - 71），经雨水冲刷，垃圾堆里的有害物质畅通无阻地渗入到土壤里，随着时间的推移，土壤被毒化。从 1972 年起，以前的不规范的垃圾堆大量减少后，建设了典型的生活垃圾填埋场。采取高技术的特殊密封措施，防止了对地下水的污染。

图 2 - 71　残渣和垃圾乱放

2.5.2　漏损量、事故和错误操作等的潜在危害

近十年来，工业产品明显增加，日用品的生产方法越来越全面、越来越自动化，这些方法往往要有必要的原材料和辅助材料，而这些原材料和辅助材料就是潜在的水危害。如果用于存放和运输这些材料的容器发生泄漏或因爆炸和燃烧被破坏，就会对土壤、地下水和河流造成危险。在污水处理区无密封处或排水沟有损坏的地方，水体的补给或运移就会对地下水造成污染。水域污染也可能因人的失误产生。为了有效地预防以上情况的污染，对这类设施提出了多级的建筑措施和作业安全要求（见图 2 - 72），贮罐下方多倍密封的安全槽是为了防止漏损对地下水污染。地下水污染往往归咎于工业和手工业区域的设施。尽管其原因经常

很难解释，但多数情况下是由于缓慢的侵蚀和轻微的损坏，而不是大的作业干扰或事故导致的土壤污染。近1/4的地下水损害来源于金属工业、电镀作业、油漆业及机器和车辆制造业，如图2-73和图2-74所示。

图2-72　贮罐下方多倍密封的安全槽

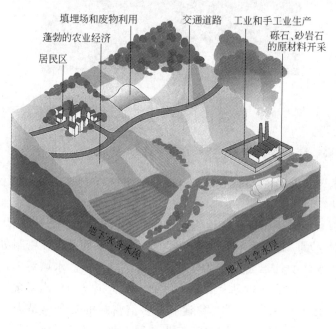

图2-73　当今地下水还遭受到各种各样的危害

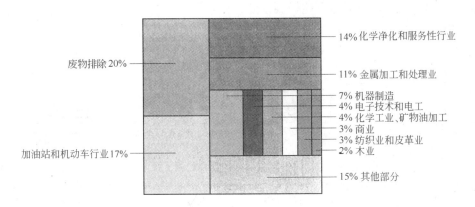

14% 化学净化和服务性行业

废物排除20%

11% 金属加工和处理业

7% 机器制造
4% 电子技术和电工
4% 化学工业、矿物油加工
3% 商业
3% 纺织业和皮革业
2% 木业

加油站和机动车行业17%

15% 其他部分

图2-74 按引发地下水的危害的分类

　　长期以来，化学净化和金属加工业中作为松脂和脱脂剂的是易挥发的卤族化合物，由于它的物理化学性质使其在土壤里含量很少，进入土壤时几乎不能被拦截，因此成为地下水的最大危害。新的技术领域发展后，开辟了新的方式和途径（例如使用对水危害较小的物质），污染情况在数量上明显降低。

　　加油站也是地下水潜在的较大威胁，近年来许多加油站都在进行设备改造，发现并排除了许多因矿物油产品对土壤和地下水产生的污染。从毒理学角度看，现实尤为重要的是它能产生致癌的烃类。从设备改进中可以看到石油里的烃类连续分解和含量降低。因为现在有新设立和改建的加油站，在加油塔、加油设施和灌装地面方面都要执行更高的安全标准。近年来，现有加油站的装备进行改造后，有许多数据表明这对地下水的保护有很大进步（见图2-75）。

图2-75 能满足高安全标准的现代化加油站

　　来自金属或半金属的地下水污染接近20%（见图2-74），主要污染源为金属加工工业产生的焦油、炭黑和其他燃烧残渣（在废旧的煤气厂外可以发现这些东西），使地下水会受到多环芳烃的污染（见图2-76）。对工业造成的地下水危害要定期检查、调查，尽可能做到预防，在生产中应执行更高的安全标准，使所有的危害都减少或全面排除。

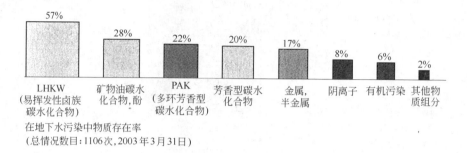

57%

28%

22%

20%

17%

8%

6%

2%

LHKW
（易挥发性卤族
碳水化合物）

矿物油碳水
化合物，酚

PAK
（多环芳香型
碳水化合物）

芳香型碳水
化合物

金属，
半金属

阴离子

有机污染

其他物
质组分

在地下水污染中物质存在率
（总情况数目：1106次，2003年3月31日）

图 2-76 所有类型的碳水化合物引起的地下水的主要危害
（在个别损害情况下多次污染其总量超过 100%）

2.5.3 原材料开采和地下水保护

在巴伐利亚州，砾石和砂是建筑工业最重要的原材料，而砾石和砂所在地层往往会有丰富的地下水。在这个地区原材料的开采和地下水保护似乎相互矛盾（见图 2-77）。原材料的开采往往会将保护盖层揭掉，甚至导致地下水露出地表，致使土壤失去自然净化能力。开采砾石时会碰到含水层，就是所谓的湿法挖砾，然后形成自由水面即为挖土机湖。为了今后使用方便，挖砂坑或挖土机湖回填时，按水经济观点尽可能要用干净材料。遗憾的是，在巴伐利亚州恰恰没有足够的回填的材料，过去经常使用一些污染材料进行回填。2001 年夏天，政府与工业协会就岩石和土开采的新规定签订了环境与经济公约。此后挖土机湖原则上不再回填，特殊情况下才允许回填。

图 2-77 在原材料开采时的纠纷和经济利益不能侵犯地下水保护

2.5.4　在地下水中的建筑活动

基础部分或整个位于地下水中的建筑工程也会给地下水带来危害（见图2−78），建筑物会阻隔地下水的天然运移通道，地下水遇到建筑物时会出现地下水隆起，之后又会有地下水下降，使地下水的性质发生改变。在地下水区域的基坑里，建筑工程使用水泥、膨润土浆液或其他化学药剂作联结剂时，会对地下水有很强的密封作用。含水泥的建筑材料会提高pH值，水泥硬化阶段释出的铬酸盐会对地下水造成污染。因此，在地下水含水层中搞建筑时必须使用贫铬酸盐的水泥。

图2−78　慕尼黑飞机场扩建期间在 Erdinger Mooes
用这种观测站对地下水位跟踪监测

2.5.5　道路和交通事故污染

道路交通中的废气、胶带和制动闸的磨损，以及未完全燃烧的燃料中的有害物质会对地下水造成污染。锌、铜、铅等重金属或来自空气的碳水化合物由降雨渗入土壤后进入地下水。冬天洒在道路上的防滑盐会造成局部地下水污染。地下水能把道路废水渗漏的有害物质运移多远，当前在巴伐利亚州对此有详细的调查。在饮用水保护区内，要把道路废水全面收集并处理后排走，因此不会出现这样的问题。轨道交通规定，轨道设备要有防止植物生长的措施，便经常使用除草剂。近年来，有证据表明在某些轨道段内地下水中除草剂的浓度至今仍很高，因此除草剂的使用受到极强的限制。

下面介绍一起油罐车事故引起的严重后果。1991年5月29日晚，在从Würzburg 到 Aschaffenburg 轨道段上的 Partenstein 的地方，车站附近的居民被巨大的撞击声吓到，一辆载满汽油的油罐车撞到一个停着的货车上并脱轨。猛烈的碰撞使4个油罐泄漏，立即引起了火灾（见图2-79）。浓烈的烟云升高的同时，在短时间内流出了大约2.4×10^5L的汽油。虽然消防队尽了最大努力，但燃料大部分被燃烧了。油罐车上1.7×10^4L的燃料泄漏，其中8×10^4L渗入土壤里。更糟的是，事故发生在 Partenstein 镇的供水保护带上，距离事故100m处的深井在事故后立即停采。立即实施了对土壤和地下水的反污染治理措施，安装土壤排气装置。从此，地下水由多个治理井抽出并净化，部分处理水排入小溪，为了促进土壤里对生物有害的物质的分解，对部分有营养物质渗入的水要再过滤。根据最后计算分析这些技术措施和生物的分解过程，大部分汽油已从地层中脱离出去，然后通过有针对性的措施进一步排除残留的有害物质。调查和治理措施的花费共计四百万欧元以上。

图2-79   事故中泄漏的油对地下水的污染

每年轨道和道路货物运输量达15亿吨，其中60%以上是对地下水有危害的。在有些道路，特别是敏感饮用水保护带上的道路，禁止运输这些货物。预防的重要措施是设立危险物标志，由此可在事故发生时立即得到现场帮助并作出风险评价，采取相应的安全措施。近年来，安全措施的加强和较好的监督，使事故数量和释放的有害物质数量有所减少。

2.5.6   密集的排水网造成废水污染

非密封的排水管道同样会对地下水造成危害（见图2-80），必须对它的建设状态和功能进行定期监测。在饮用水保护区第Ⅱ保护带内，原则上无排水管布设，但在这里进行定期监测是绝对必要的，要通过特殊的技术方式对排水管道进行监测，确保地下水污染风险最小。

来自居住区和工业区的废水，净化处理后流入水域，可称之为排水归还。在个别情况下，例如，在 Fränkischen Alb 通过灰岩落水洞将处理后的水引入到地下补给地下水，此做法的前提是废水得到进一步净化，必须力争使地下水在废水处理过程中得到保护。当出现废水渗漏时，原则上要优先考虑地表渗漏，因为土壤起到附加净化的作用。

图 2 - 80　错误施工使饮用水管穿透了废水管

2.5.7　农业开发对地下水的危害

农业不可能对土壤、水和空气等自然场地因素没有影响，如果要维持农业利益的可持续发展，就应该保护这些场地因素免受损害。

减少农业对水体，特别是地下水的侵害，必须应先阻断局部或区域的污染途径。可通过对粪肥和青贮饲料的堆放减少局部污染。粪坑比未处理的生活污水的污染能力大 100 倍，比青贮饲料渗汁大 300 倍。这些物质在渗透率大的地方（如岩溶含水层），很容易渗入地下水。来自粪便的病原体会造成地下水和饮用水的微生物污染。因此，为了保护地下水，对粪坑、干粪堆和青贮饲料堆设施要认真规划、建设和定期监测。

近年来，农业土地的大力开发利用已有全面改善，但是地下水的污染依然是主要问题。农业对地下水污染的示例如下：

示例 1：硝酸盐问题。

植物生长需要氮、磷、钾化合物等营养物质。近百年来，土地经过农业利用所含营养物质已贫乏，现在通过施肥，土壤中的营养物质明显增多，过量的氮通过土壤中的细菌转换为易溶的硝酸盐，并在深部土壤中堆积。在未受影响的土壤里，硝酸盐在一定范围内与入渗的水一起向近地表的地下水运移，自然条件下硝酸盐含量为 5 ~ 15mg/L。施肥量大、单一肥料浓度高或错误的施肥时间都会导致硝酸盐向大范围和深部岩层渗入到达地下水，使地下水中硝酸盐浓度增高。秋天和冬天因为植物缺少蒸发而不消耗营养物质，硝酸盐易分离出来，降雨量多时会伴随雨水入渗补给地下水。

　　对于人体来说，硝酸盐本身几乎无毒，但是通过胃里的氮化物形成的亚硝酸铵有毒，经动物实验证明，部分癌症就是因此导致。浓度较高的硝酸盐会导致婴儿患青紫病（先天性心脏病），20世纪五六十年代曾记录，由于那时无公共供水，主要是使用含细菌较多的高污染水作自供水引起的。大部分硝酸盐通过营养食物进入人体，小部分通过饮用水涉入。饮用水中硝酸盐的标准值是 50mg/L。在 4000 个饮用水开采井中，4.5% 的井中原水的硝酸盐超过这个极值。在巴伐利亚，近年来经过与未污染的水混合后，查出只有部分饮用水中含有硝酸盐，1.2% 超过极值。

　　这类水只有在官方有关部门批准时才可以在一定期限内使用，当硝酸盐含量接近极值时，官方需随时采取相应措施。在巴伐利亚州降雨量贫乏的 Franken 地区，地下水的主要污染物是硝酸盐。

　　地下水中的硝酸盐大部分来源于农业。所以，一方面要根据植物生长所需因地制宜地恰当施肥（见图 2-81），用拖拉机软管把肥料有目的的施到土中，可减少气味污染和超量施肥。另一方面要限制硝酸盐对地下水的危害。在这方面为农业提供参考建议：氮平衡，土壤和入渗水的调查，在植物生长阶段末期测定易流失的氮的浓度（减氮法）。

图 2-81　定量施肥的形式

　　巴伐利亚州在矿物肥料上的消费，1989 年为每一万平方米 119 千克，1999 年降到 89 千克。在这个初始成果上不应停滞不前，因为在地下水中的硝酸盐含量仍处在很高的水平，目前的目标是使污染区内硝酸盐的含量明显降低（见图 2-82），巴伐利亚地区地下水中硝酸盐值出现明显下降趋势（见图 2-83），自 1990 年回落后含量仍很高，生态建设则要放弃矿物肥料。

图 2 - 82　用虹烛光管对土壤中渗漏水进行分析

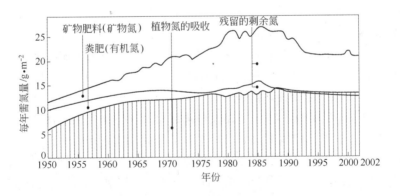

图 2 - 83　在农业施肥中过剩的氮

示例 2：植物保护剂问题。

　　动物侵害、杂草和植物病害导致农业歉收，除施肥外，植物保护剂是一个重要生产因素。在巴伐利亚州，每年要使用 5000t 植物保护剂。使用植物保护剂保护植物的同时，还可能使其残渣的分解产物进入环境、地下水、湖泊和河流。对自然界来说，对人和动物的保护是最重要的，但要保证使用的药剂不能对地下水产生污染（见图 2 - 84）。因此，近十几年来，许多有问题的材料已被禁止使用。

图 2 - 84　妥善利用植物保护剂

例如，1991 年 Atrazin（秀居君）在德国农业中已禁止使用，至 2003 年已经禁用 12 年。在地下水观测站中观测到 Atrazin 和它的主要分解产物 Desethylatrazin 的浓度最大只有 6%，仍有 2.5% 的供水设施中超过饮用水极值（0.1μg/L），部分则要通过混合处理来解决。这表明，在地下水保护中最重要的是预测，意识到有污染出现时，要采取长期的应对措施。

农业对于植物保护剂的使用，要承担环境和健康方面的责任，实际工作中以下几点尤为重要：

（1）禁止使用的执行；

（2）避免点状污染；

（3）规定使用量的执行；

（4）采取预防措施，如轮作的各个阶段对有活力的土壤生物的要求；

（5）大雨大风天气禁止使用的执行；

（6）对水体污染赔偿规章的执行。

水经济与农业的共赢，至少要在饮用水取水区和保护区得到改善。现有的许多农业经营模型证明了对地下水的保护是有成效的，通过加强合作，由硝酸盐和植物保护剂对地下水造成的污染会进一步降低。具有说服力的例子是生效的自愿签约协定，例如，慕尼黑市在 Mangfalltal 的供水开采区和 Augsburg 市的 Lechauen 的签约。近年来，在学校也出现了这种合作方式，出现了许多"效仿者"。

农业发展纲要（KULAP）和自然保护纲要提出的农业对环境保护的措施是个重要手段，在这期间，已在 60% 的农业利用面积上取得效益。

示例 3：生态农业建设问题。

农业的生态经济生产一定要放弃使用化学植物保护剂和矿物肥料（见图 2 - 85）。在动物饲养方面，要放弃助长的荷尔蒙和催长的抗菌素。生态农业建设运用循环经济的方式实现，特别要突出环境保护的经济方式。在欧盟已使用了统一的法规，资源利用者需保证生态上可行，生态至上。

图 2 – 85   在谷田上的罂粟子

(在生态农业建设中放弃喷药器，出现了无受害的五颜六色的花)

在巴伐利亚州，生态农业建设还在扩展中，使农业生产不再出现生态问题完全取决于消费者的决定。

2.5.8　面对地下水保护的森林的作用

森林对地下水是有益的，森林区的地下水一般比农田区的地下水污染程度小。巴伐利亚州 1/3 的面积被森林覆盖，供应饮用水的大部分流域在森林区，这对作为饮用水的地下水有着重大意义。

在混合土地利用区，来自森林的干净的地下水有着特殊价值。对森林及地下水的危害一般是来自大气圈氮化物形成的酸。

树木及叶子会对空气中的有害物质起到高效的防护过滤作用。在干燥的气候条件下，有害物质会沉积在树木形成的冠状空间里，有雾或下雨时，这些物质从叶子上被冲刷下来进入地下。因此，森林区的土壤和地下水会受到这些有害物质的影响（见图 2 – 86）。当来自大气圈的氮持续不断地进入林区时，必须计算出

图 2 – 86   森林也受空气有害物质的侵害

进入地下水中的硝酸盐量。

2.5.9 地下水被药物污染

饮用水里含有药物成分吗？1998 年《科学画报》曾提出这样的疑问。后来在柏林的饮用水中发现人们经常使用的药物成分——Clofibrin 酸，它是一种高效物质（激素类），主要用于降血脂。用于治疗风湿病的药剂——Beta-Blocker 和抗菌素也被证实存在。这种物质被服用后不易从环境中消失，人体不能吸收的残余部分可通过废水和非密封的渠道直接进入地下水或净化设备。这些物质几乎不能被分解，通常富集于净化污泥里，重新作为农业肥料被使用。在这个过程中，一部分药剂进入地下水，大部分通过净化设备进入到地表水域，在岸边的入渗可能对地下水和饮用水造成影响。

自 1996 年起，巴伐利亚州开始对地下水和饮用水中所含的药物成分进行调查。特殊情况下，如 Clofibrinsäure、Sulfomethoaxol 和碘化的 X 光造影用溶液的医药痕迹是有证据可以发现的。在巴伐利亚州，纯净地下水主要用于饮用水的开采，很少利用岸边过滤地下水。极少在地下水中发现这种药品，因为在地下水中绝不能含有这种物质。

与此类似的情况是带有内分泌（荷尔蒙）功效的物质，经常表示为环境荷尔蒙。它是人工产品，例如 Tributylzinn（TBT），可用于保护木材颜色和船用涂漆。这种人工合成物质在动物和人体内发挥出类似于自身荷尔蒙的功效。在鱼和贝类体内可导致无繁殖能力。目前，巴伐利亚州地下水中这种物质浓度很低，运用如今最可信的水质检测技术对饮用水的检测结果表明，饮用水中绝对不含有荷尔蒙功效的物质（见图 2 - 87）。

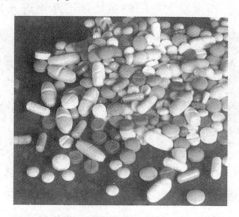

图 2 - 87　含有药物成分的饮用水——地下水中的药房

对巴伐利亚州地下水中药物和具有荷尔蒙功效的物质的长期调查表明，这些物质的含量对人的危害几乎为零，因此不需要任何水处理。在欧洲，力争禁止使用具有荷尔蒙功效的合成物质（如 Nonylphenol）。

2.5.10　来自大气圈的有害物质

来自交通、工业、能源和农业的废气会造成大面积的空气污染，同时会对土壤、流动的地表河流及地下水造成影响，这些污染物主要是由氮和硫化物形成的酸（见图2-88）。

图2-88　来自道路交通和工业废气中的有害物质及引起的"酸雨"

来自空气的不同浓度的酸化物质可通过土壤进入地下水，土壤的缓冲能力越小则地下水的 pH 值降低幅度越大。当 pH 值为 5.0~5.5 时，首先溶解的是金属，铝和锰最先从土壤和岩石中溶解出来富集在地下水中。然后不断有酸化铁和其他重金属发生活化。

在 Spessart 和从 Franken 森林到巴伐利亚森林的整个东巴伐利亚基岩区的地下水大多受到严重危害，因为这里的土壤缺乏钙，对侵蚀酸没有足够的缓冲能力。有些区域酸化程度已大大地超过了饮用水规范的极值，导致水管被强烈腐蚀。自然条件下的水是很软的，为弱酸性，pH 值为 5.5~7.0。目前，这种水作为饮用水利用时要经过不同脱酸方法进行处理，面对不断增加的酸负荷，对处理技术也提出了更高的要求。

在捷克和德国煤站的影响下，巴伐利亚州东北部的降雨从空气中携带了许多硫化物。虽然至今污染状况明显得到改善，但仍能监测出较高的硫危害。在整个巴伐利亚州对氮有定期的填埋处理，来自道路交通的腐蚀性硝酸氮和来自农业的铵氮都可在土壤里形成酸。巴伐利亚州的部分地区土壤酸化已进入地下深部，这些土壤和地下水的长期状态取决于3个因素：

（1）来自大气圈的酸的形成和侵害；

（2）土壤和岩石中的水现有的缓冲能力；

（3）从土壤和岩石里释出的酸化物，多长时间后又重新富集于此。

经调查，上述地区地下水被"强酸化"的占12%，"中度酸化"的占72%，"弱酸化"的占16%。

地下水和土壤具有长期记忆力，土壤里的硫酸盐一年以后仍会对硫产生富集作用，尽管来自空气里的硫化物明显减少，地下水水质也逐渐变好，但森林区受氮氧化物的污染状况仍很严重，酸化水的再生作用也很迟缓。在巴伐利亚州东北部，目前仍存在地下水的酸化问题，许多森林区地下水的硝酸盐含量特别贫乏，因此不会导致氮过度饱和。另外，通过对交通、农业等的严格要求，使能源和热生成导致的空气污染尽量减轻，并特别针对地下水的保护进行森林经营。

2.5.11　来自地层的攻击——自然界的污染

除人类生活带来的危害外，也存在地质条件带来的污染。首先在北巴伐利亚地区发现这方面的影响，至今国家在思想上作了较少研究，并且很少采取应对措施，使得一些地区仍存在地下水没有进行适当的处理就作为饮用水使用的问题，这与人类的影响无关。

地下水的围岩决定了它的性质，最后要把它作为饮用水开采。进入地下水中的物质取决于地下水流经的地层和岩石的类型及成分，溶解到地下水的主要是石灰岩、白云岩、岩盐、石膏和硬石膏的矿物盐，这些矿物盐所含的微量元素如砷、镍或铀也会进入水里。

在 Franken 中部和上 Pfalz 地区，地下水中砷的含量超过了饮用水规范的极值，导致有望成功的钻井废弃。钻探期间，采用花费巨大的调查技术选择出含砷地层隔离带是有可能的，钻井抽出的地下水不用处理也可作为饮用水。否则，必须使用有足够脱砷能力的处理设备。

北巴伐利亚供应水的最大问题是，来自石膏地层的地下水含有较高的钙和硫酸盐。

在 Berchtesgadener 地区，Bad Reichenhall 以下的地方找到了可以供长期使用的巨大储量的盐，可用钻井取出含高浓度氯化钠的地下水。经测定，食用盐含量达数克每升，这个地区的饮用水只能选择其他地方的地下水供应（见图 2 - 89）。

图 2 - 89　矿物质含量过高的地下水在自然条件下不能作为饮用水使用

2.6　地下水的保护

目前，土壤已被不同程度的污染。要对其治理，不仅要针对土壤，地下水也需一起治理，否则生产、生活供水也会受到威胁。有人说，预防比治理划算，这个观点对于地下水来说尤为正确。地下水的防治要靠多方面的力量，不能只依靠官方力量，个人也应该参与进来。

2.6.1　预防保护要提前

预防保护的基本目标是使地下水保持其自然特性。因此，在一定范围内，面对任何污染时，我们必须尽可能地保护地下水免受危害（见图 2 - 90）。我们必须十分珍惜地下水资源的原因如下：

（1）地下水是饮用水供应的基础，也是其他行业可利用的高价值水；

（2）地下水是维持自然界平衡的主要组成部分，具有多样性，可维持任何地方的生态功能；

（3）作为水循环的一部分，可补给湿地、小溪、河流和湖泊；

（4）受到严重污染情况时，一旦超过其自净能力的极限，将无法使用。

被污染的地下水是有"记忆力的"，一般只在局部，治理起来费时费力，还

图 2 - 90　大空间的预防可提供地下水有效的保护

要付出高额的费用。地下水保护必须从源头做起才不会产生污染，必要的预防措施有：

(1) 地下水要受到上覆盖层的有效保护；

(2) 地下水要远离有害物质，特别要对受污染土壤进行治理；

(3) 要防止与水危害物质有关的事故的发生。

大型建筑工程挖土，交通道路或原材料的开采都不允许对地下水造成危害，因此应保护地下水上覆盖层免受破坏。至少在敏感区是不允许这样做的，只能在有特别安全防护措施时才行。对工业设施、垃圾填埋场和废水排放渠道进行规划时，要提供技术水平最好的安全标准，当必须使用对水有害的物质时，要具备多重防渗漏措施。在有干扰的情况下，为了预防土壤对地下水的污染，保证作业时能保护地下水，一定要做好定期检查。

对过去地层的污染和当前存在的污染情况，必须要综合勘探、检查、研究和评价，以及采取必要的治理措施，直到不会对地下水进一步造成危害为止（见图 2 - 91）。

联邦德国和巴伐利亚州根据《21 世纪议程精神》，在预防原则中提出了保护地下水上覆盖层的要求，这是 1992 年在里约热内卢联合国大会上通过的，作为可持续和将来有能力发展的国际条约样板。水资源法的"担忧原则"是指，地下水与任何物质接触"不必担心"会被污染，如图 2 - 92 所示。

如图 2 - 92 所示，保护作为饮用水供应的地下水，在敏感地区划定水保护区

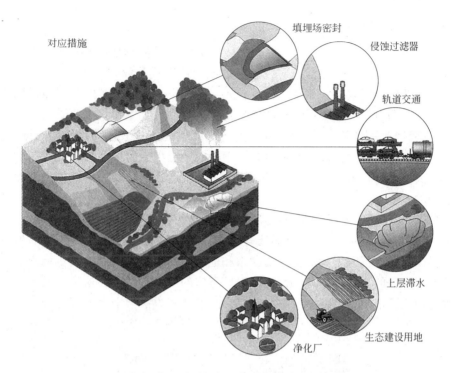

图2-91 地下水遭受到的各种各样危害及减少危害的措施

图2-92 地下水保护带的标志

并实施特殊的安全措施。

2.6.1.1 扎根于土壤和地下水的保护

无土壤就意味着无产量、无营养、无群落生态环境保护价值、无洁净的地下水。不能低估土壤在地下水生态功能和生态系统方面以及在作为生命空间的专业领域上的意义。

　　自 1999 年 3 月 1 日联邦土地保护法生效后，土壤作为第三种环境介质，列入自水和空气之后的法律保护对象。与此同时，巴伐利亚州作为第一个联邦州，在州法律基础上用联邦法律来执行。首先，两个土壤保护法实施的观点得到了官方的重视，即对不利物质侵害时的保护及自然土壤的再生和获取功能。

　　几乎没有一个环境领域像土壤和地下水系统这样敏感且具有长期的记忆性。有害物质可以跨越世代侵害地下水和土壤，而地层再生的可能性是受限制的，需后期投入较高的技术和财力来修复这种损害。因此，预防对可持续的土壤保护是最合理的要求。

　　自 1999 年起，巴伐利亚州水经济局积极执行土壤保护的新任务，在 Wielenbach 的 Weilheim 的一个露天牧场调查区的试验场地上安装了各种各样的测量仪器。科学家想对不同因素对土壤渗漏水和地下水的环境影响作进一步调查，目的是要发现合适的方法测定有害性土壤对地下水的危害程度，在这个问题上，对渗漏水的预测是最困难的环节。尽可能用实用的调查方法预报出有害土壤对地下水的危害，为此应该改善原有的治理措施计划（见图 2-93）。

图 2-93　渗漏水调查井的建设

　　正如 2000 年欧盟新的水框架条约中对表面覆盖层的要求，若对土壤和地下水的保护没有进一步加强，就无法保证地下水较好的化学和质量状态。对于特殊敏感地区，例如岩溶区，有必要提出专门的保护规范。还有在 1998 年项目鉴定会上，专家对表面覆盖层保护地下水有效性的要求。

　　不仅在对土壤和地下水保护措施上有了提高，人们的预防意识也在逐渐增强，特别是近年来，在经济方面，人们对地下水保护必要性的知识有所增长。1975 年以来，工业对地下水的消费已减半，净化措施更加完善，在纯净度方面对水的循环利用要求更高。与对水有害的物质接触的表面要采取特别的密封措施，使有害物质没有任何机会进入土壤。过去有害物质主要是化学净化和金属加工使用的易挥发卤族碳水化合物，现在都配备了吸收和回收这些物质的装备。

要尽可能预防保护地下水，例如废物填埋场、残余物质的利用和饮用水保护带，如图2-91、图2-94~图2-96所示。

图2-94 带有接收容器和土壤密封的对水有害物质的典型陈列室

图2-95 保护地下水的安全体系密封的高费用现代化填埋场

2.6.1.2 填埋场

至20世纪70年代初，一些敏感地区的垃圾废弃物处理技术还没有完全达到要求，有的仍填埋到可利用的采砾石坑中。这种情况在增强的环境意识和法律的影响下有了改变，这期间欧洲部分地区公布了相关的法律规范，由联邦统一执行规范，并建设了合适的填埋场，使地下水免受侵害（见图 2-95）。

　　一个带有多层屏障的综合安全体系（见图 2-96），可以防止有害物质从填埋场释放和扩散。另外，废弃物里的有害物质浓度不能超出极值，否则要按特殊垃圾来处理。同时还在填埋场的进出口设立多个地下水观测站，在填埋场作业时定期监测。

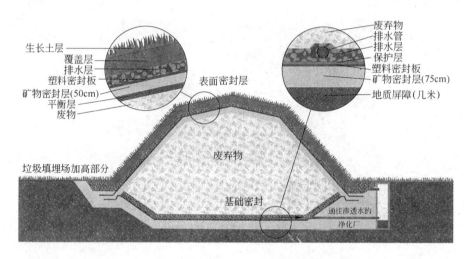

图 2-96　带有常年观测站检查的填埋场的密封效果

　　填埋场作业结束后，要定期采取地下水样，对可能存在的有害物质进行分析，其结果可用于检查填埋场的密封性。

　　在巴伐利亚州，除了 50 多个生活垃圾和残余物质填埋场外，还有 800 个挖土作业和建筑废墟的填埋场。通常也将过去的采石坑和干燥的砂砾坑作为填埋场。因为这种建筑废墟填埋场没有基础的密封措施，为了保护地下水，对所堆填的材料有一定要求。新的联邦土壤保护法和 1999 年土壤保护规范的联合不仅确保了将来对地下水的保护，还保证了土壤的自然功能。因此，未来还要对建筑废墟和挖土方的回填等提出更严格的保护要求。

2.6.1.3　残余物质的利用

　　人们常见的残余物质多数是生活垃圾和工业废物，但更多的是矿物废物，例如挖土、建筑废墟、道路修建废物、来自焚烧的灰和渣以及来自金属工业的残渣。如果这些东西还没有被污染，那么可以把它们洗净、粉碎，当作自然矿物岩石用于道路建设（见图 2-97）、景观建设和填埋场覆盖层。但事先一定要估测这些物质是否会有浸出液进入地下水中，否则这些物质的使用需执行专门的技术规定。

图 2 - 97 含焦油的筑路材料循环利用厂

2.6.1.4 饮用水保护

每个人都看到过有储水车和蓝色波状线的标识（见图 2 - 92），它表示此区域是国家设立的饮用水保护区。在这个区域内，对建筑、运输和对水造成危害的物质有严格规定。现在巴伐利亚州有 3500 个水保护区，占地 2900km²，占总面积的 4%。从现今修订的观点来看，加上以前的水保护区共占总面积的 5%。而饮用水保护区的面积还不够大，尽管他比饮用水的流域大许多倍，同时这里的土地还要符合地下水覆盖层的要求。有效的饮用水保护应该是对地下水总流域的保护，其中水保护区指的是敏感的核心区。为了减少对饮用水的危害，要提出更高的要求，例如，对有风险的设施需认真排除风险后使用。每一个公共饮用水开采井都要有保护带，要根据区域的水文地质条件进行不同的测定，设立多个保护带。一个饮用水保护区要有多个保护带（见图 2 - 98）。

Ⅰ带：取水区。不能进入的饮用水保护区用栅栏围起的区域。它是取水（井、泉）的直接区域，要保护其不受任何污染。

Ⅱ带：近邻保护带。地下水流从Ⅰ带起地下水主流延伸到取水区的 50 天内，含水层中的微生物可能会被分解掉。为了防止新的细菌繁殖，要杜绝土壤、建筑和废水渠等任何干扰的存在。为了保护地下水，防止病原体滋生，要禁止任何有机肥，如粪坑、干粪堆等的存在。

Ⅲ带：远区保护带。主要任务是使邻近流域的地下水覆盖层得到保护。因此，这里的土壤不能有较大的干扰，对水中有害物质的限制达到极点。绝对不允许有较大风险的设施（如工业设施、油管道和加油站等）的存在。在特殊情况下该带区可划分为ⅢA带和ⅢB带。

如果地下水位于保护区边界之外，饮用水保护区实现不了保护功能，则由表面覆盖层起到保护作用。

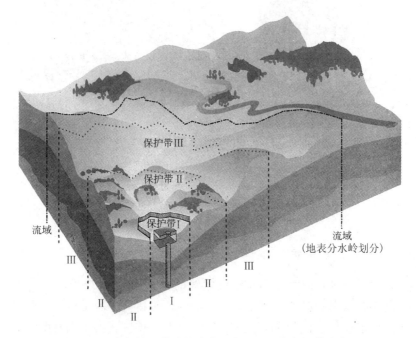

图 2 - 98   水保护区特殊的安全要求要通过各保护带来实现

2.6.1.5   Sallern 的水保护区

Regensburg 的能源和80%的供水取自 Sallern 市城北的井。这里的 3 眼井位于上侏罗统石灰岩地层，深度在 90～160m。在这种岩溶含水层中，地下水沿着大的裂隙和节理流动，在部分垂直孔洞里做系统运动，这种情况下，地下水几乎没有过滤和净化的条件。井的周围是侏罗系石灰岩，局部有细粒和过滤性好的岩石覆盖层。但这些岩石的盖层厚度变化很大，有些流域特别是山谷断面上覆盖层完全缺失。

对地下水上覆地层的自然保护还有缺陷而且达不到要求。虽然表面覆盖层对一般的地下水保护起到一定作用，但是由于人类活动引起的被开采的饮用水受危害的风险相对增高，因此在 Sallern 地区饮用水保护区必须划分保护带，保护区划分为：取水区（Ⅰ带）、近邻保护带（Ⅱ带）、远区保护带（Ⅲ带可分为ⅢA带和ⅢB带）。主要根据土壤覆盖层性质的变化决定保护带的空间分布。

在水保护区规划修订和现实性中要注意现有的设施，并要着重评价它对饮用水开采的潜在危害，在这种情况下，首先要对大型垃圾填埋场进行高费用和高技术的治理。

2.6.2 每个人都要做到尽可能的预防

每个人都要通过自己的行动为地下水保护作贡献。有的人问，该怎么做呢?最基本的就是，当我们打开水龙头时要意识到节约用水，为环境服务；控制溶剂、染料、油类等对水有危害物质的使用也是十分有必要的；对储存容器应做好防渗措施，避免泄漏物质对土壤造成危害。例如，汽车发动机的油必须储存于安全的容器里；还要有责任心，垃圾等废弃物不能随便丢到森林里。

许多供水者提出，在保护区内搞无矿物肥料、植物保护剂和其他附加物质的农业生态建设也是可行的，而且购买生态产品可获得双倍的收益（见图 2-99），这不仅为自己的健康服务，而且使地下水得到了保护。在自家菜园里同样要控制肥料的使用，最好不要使用植物保护剂等。另外，还可以做许多有利于保护地下水的事。

图 2-99 生产健康的"生态食品"是为保护地下水表面覆盖层作贡献

长期艰难的治理道路——与农业的合作。水厂长官 Dr. Franz Otillinger 还记得，20 世纪 80 年代初，Augsburg 市的饮用水中硝酸盐含量持续不断地增加，超出极限值 50mg/L，人们的健康受到了极大的威胁。主要原因是 Augsburg 市饮用水井流域内蓬勃发展的农业以及牲畜的饲养。大量的玉米种植，需要施用大量肥料，从而使大量的硝酸盐进入地下水。

起初，市政府试着开展一个让农业保护地下水的经营计划，但导致了强烈的反抗。Dr. Franz Otillinger 说:"那时农民不能接受，因为在饮用水保护区内只允许使用极少的肥料，就会降低农作物的收成。"接着，开会讨论进一步的治理工作，使双方增加对彼此想法认识。市政府想减少饮用水供水量，而农业不愿站在井被毒害的一方，和解还是未能达成。

最后，协助治理的水经济局开展了新的措施，政府把井附近的农田买下来进行无施肥的经营（见图2－100）。科学调查表明，硝酸盐的污染浓度平均减少了5μg/L。但总的硝酸盐含量仍很高，因为还有来自邻近区域的补给。而近河流域是贫硝酸盐的。

图2－100　在Augsburg市饮用水保护区上种植的生态经营的散状水果草场

在流域区，不管对保护地下水的农业经营范围大小，政府都为农民发放统一奖金，每年每一万平方米土地280欧元，并帮助其转变为生态农业。钱的多少是由植物生长后期测量得到的土壤中残留硝酸盐的相关结果决定的。现在该区域75%注重水保护的农田是按这种方式经营的。得到的成果是，一年中硝酸盐浓度明显降低（见图2－101）。与其余的硝酸盐水混合后，饮用水中硝酸盐含量仅有8mg/L。饮用水的这种改善是要付出代价的，以4口人家庭为例，每年需为此付

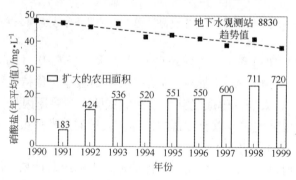

图2－101　Augsburg市饮用水流域改动的扩大的农田面积上硝酸盐含量明显下降

出 30 欧元以上的费用，但是得到了完全高质量的饮用水。

2.6.3　加强事后管理和治理的挽救再挽救

在与对水有毒的物质接触的地方，要对所有污染的土壤实行处理措施，特别是对一再出现的事故、工作失误和管道、储存容器的渗漏等情况要及时处理。这种工作一般难度大、费用高。随着水和土壤保护法的建立，有了一定的工作基础，必须依法对已污染和损坏情况进行治理。如果某地块可能会对地下水产生危害，官方要主动处理，一个重要的任务是纠正过去所犯下的错误。巴伐利亚州已将自 1971 年以来的污染点系统地收集起来，并纳入了已污染土地登记册，总计有 15000 多个污染点。由于人力和财力有限，不能对所有可疑的地块进行调查和治理，因此，按每个地块的潜在危害大小作了适当的优先治理排序，最高优先权（A 级）的不足 3000 个地块（2003 年 3 月 31 日），全部治理这些历时十几年的已污染物地块需要几十亿欧元。

除紧急的危害情况和废旧场地外，还有军备废旧场地的污染问题。1994 年，借助档案调查研究和航空照片评价已系统查明世界战争遗留下来的污染场地，并对它们作了优先权排序。共查出 373 个重点场地，其中 150 个列为最高优先权（A 级），并将对它们采取进一步的治理工作（2004 年）。

2.6.3.1　从军备陈旧污染场地到 Legoland

2002 年 5 月，Schwaben 邻近 Günzburg 的德国第一个 Legoland（业余休闲公园）开放。Legoland 怎样影响地下水？只要是亲眼目睹了该地区如何演变为休闲公园的人，都能很快回答出这个问题。

1934~1935 年，在那里德国国防军没收了 $1.4km^2$ 的森林，并建立了兵工厂。战争结束前不久，弹药库发生爆炸，弹药块和碎片散射到整个地区。

1997 年，丹麦生产商 LEGO 想到，倘若到 1999 年夏天该地区没有了弹药和陈旧污染，就在此地建设一个 Legoland。

1998 年 5 月到 2000 年 10 月，该地区清除弹药，委托合同的口号是："清除地下所有含铁的部件"，合同要求深度控制在地下 17m。找到并排除了几万块弹药片、弹药零件、点火器，以及 16.6×10^6 个碎片。

为了满足 Legoland 无污染的条件，采集了 3700 多个地下水样和土壤试样，首先检查爆炸的残存物质，然后专业官方对检查结果作出评价。挖出并运走被污染的土体或对其进行燃烧、堆放、安全填埋处理。

该地观测站证明有大量乙环炸药和爆炸物质 TNT 的分解产物残留在地下水中，这些物质在地下水中并不是没有危害，只是土壤里的许多爆炸残余物质已被清除，所以地下水的污染负荷越来越小。

Legoland 建成后，带有整个家庭的访问者无忧无虑地出现在路上。

2.6.3.2 治理措施

如果经调查得知土壤被污染，或地下水存在被污染的风险，就要采取相应的防治措施。治理的原则是谁污染谁治理，前提是由官方给出产生破坏的证明。然而往往破坏者不去治理或无经济能力，这样的话，治理费用只能由公共预算或付税者承担。

在治理措施上，最重要的目标是对土壤和地下水的治理和净化，在选择合适方法上要注意以下几点：

（1）涉及的是什么介质，土壤、土壤中的空气还是地下水；

（2）什么样的物质，有机的或无机的，其浓度如何；

（3）物质在土壤和地下水中扩散范围的大小；

（4）场地的水文地质条件；

（5）要考虑场地土壤和地下水有何用途，例如饮用水供应、房屋建设。

一定要回答这些问题，它关系到合理的治理方案和最优地点的选择。

A   土壤治理

土壤治理的技术措施从最简单的土壤空气的抽取到复杂的多级土壤清洗。对于易挥发的有机污染（例如燃油或溶液），一般可直接在现场抽取气体进行治理。对于易分解的有机物质（例如矿物油），最好用生物学的方法进行治理。简单又经济的方法是，将污染土体堆成堆，让土体中有害物质的细菌分解变成无害的最终产物。为了治理表层，许多情况下可把多出的污染土层运到垃圾场进行填埋处理。

B   地下水治理

对地下水污染的治理，要采用高要求的处理技术（见图 2 - 102）。将污染的地下水用泵抽取并排到地面，然后用专门的净化设备进行处理。对于地下水中易挥发的物质，通过压入空气驱出，再用过滤器接收。对于带电的化合物，如金属盐，可从地下水中分离出来或用专门技术回收。

地下水也可以在地下进行净化处理，当有大面积的污染时，传统的治理方法是不可行的。有些情况下，要借助反应墙来实现。将一个可渗透且带有反应物质的墙建在污染的地下水过水断面上（见图 2 - 103），当水流通过反应墙时，通过物理化学反应将有害物质从地下水中脱离。例如，易挥发的卤族碳水化合物（LHKW）与自然铁（铁碎片）可以发生反应。除物理化学治理方法之外，还可以使用生物净化方法，例如对地下水中有机污染物的分解。但由于生物分解历时长、难控制，治理效果很难保证。

首先要使用以前保留下来的饮用水处理技术，因为它是一个独立部门产生的

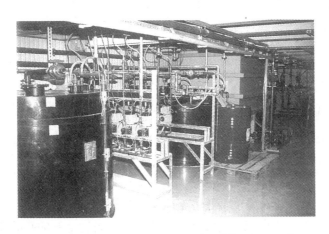

图 2-102 去除金属的设施

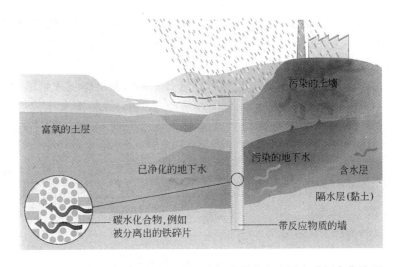

图 2-103 有些情况可借助"反应墙"直接在含水层中进行净化处理

技术。随着技术不断进步,各种技术的联合往往会取得较好的治理效果。

C 巴伐利亚州陈旧污染治理公司(GAB mbH)对地下水的治理

地下水治理中一般都想采用"谁污染谁治理"的原则,但在实践中很容易受到限制。因为事后很难确定污染是谁的责任。即使找到了,往往污染者没有足够的经济能力。针对这种情况,1989 年巴伐利亚州成立了陈旧污染治理公司,缩写为 GAB mbH,巴伐利亚自治州和巴伐利亚财政经济两个公司每年提供一千五百三十万欧元。公司自愿、主动地为巴伐利亚州的水经济负责,由工业产生的陈旧污染得到了治理。除财政支持外,县级政府部门也给予了除 GAB 公司之外的主要支持。

在 GAB 公司的帮助下，至今地下水治理已消耗三亿九千万欧元。从地下水和土壤中分离出 11t 易挥发的碳水化合物、48t 砷、34t 铜和 22t 铅（见图 2 - 103）。使 $7.6 \times 10^5 \mathrm{m}^2$ 的地面得到治理并可投入使用。

2.7　巴伐利亚州可持续的地下水保护纲要

对地下水的保护来说，《21 世纪议程》及各种技术规定、规范、法律就足够了吗？我们犯下的错不能让后代去承担，我们必须战胜一切去保护地下水，做好预防工作。

1992 年，由 176 个国家参加的里约热内卢联合国大会上通过了《21 世纪议程》，这是一个通往 21 世纪的过渡行动纲领。这个行动纲领的基础和典范是可持续发展。在 2002 年约翰内斯堡成果大会上更新了此行动计划，目标之一是，至 2015 年全世界医药卫生基本供应无出路的人口减半。

这两个会议对地下水保护政策一再提出批评。1997 年，巴伐利亚州政府依照里约热内卢的《21 世纪议程》提出了巴伐利亚州 21 世纪议程口号，并通过了巴伐利亚州可持续发展的主题——"全球着想，地方治理"。

2001 年，巴伐利亚州农业部和环保部号召将地下水工作纳入到国家工作中，并加强对这种宝贵资源的保护。联合国规定 2003 年为国际淡水年，要求在经济与紧缺的水资源中寻求可持续发展，并对水资源加强治理，做到优先保护饮用水。

地下水有巨大的水资源量，比河流和湖泊的总水量还多（见图 2 - 104）。在世界上现有的水资源中，淡水只占 2.7%，其中极地冰或冰川淡水约为 $3.0 \times 10^8 \mathrm{m}^3$，占 2%（见图 2 - 105），地下水约为 $8.5 \times 10^7 \mathrm{m}^3$，占 0.6%，而地表水只占 0.02%，约为 $2.3 \times 10^5 \mathrm{m}^3$。

图 2 - 104　地下水量比河流和湖泊的总水量大得多

图 2 – 105 世界上大约 3/4 淡水以冰的形式存在

（另外 1/4 淡水中 98% 是地下水）

地下水补给量是人们的可利用量，可由补给地下水的水量来确定。在巴伐利亚州，地下水的使用量大约占总用水量的 75%，而 95% 以上的饮用水来自地下水和泉水。由于为了维持必要的生态功能，每年只有 10% 的地下水补给量（约 150 亿立方米）长期用于饮用水供应。动植物群体以及农业生产也与此相关，所以不仅我们的生存受益于这种资源，我们的后代也要靠这种资源生存。

不管过去和将来，人类活动的足迹都能在地下水里找到证据，例如地下水可证明人类和环境是如何相互影响的，然而很难了解和预测地下水被污染的原因和程度。地下水在地层中的运动过程可直接被检测并可持续抽取地下水，有害物质可由地下水携带分布于很大的范围。只有污染物质分布于小范围内的污染情况下，对地下水的治理才有效，否则往往需要长期治理。

巴伐利亚州密集的居民区用水和人类活动都会对地下水资源造成危害。表面上要立足于地下水，但事实上并没有注意到人类活动对水的危害。水的大量消耗、土壤密封、化学药品、洗涤剂、花园里的生物果酒（Biozide）、废油、发动机的滴漏、石油泄漏事故、废气和废水、家用燃料（暖气）、雨水携带的屋顶上的金属、来自管道的侵蚀物质、药品和能源消费都可能对地下水造成危害。

大会提出了对地下水长期可持续保护的要求，所以巴伐利亚州的地下水目前处于最优状态，是全球质量最好的饮用水资源之一。然而，也不排除将来近地表的地下水存在不同程度污染的问题，因此更要加强对地下水可持续保护的措施。

2000 年 12 月，欧洲国会和议会通过了欧盟的水保护指令，它为欧盟各国保护目标和执行标准的对比提供了机会，关于“至 2015 年欧洲各地水质达到相当好的状态”的目标对各成员国提出了严格的要求，因此在这方面的投资是值得的。

　　根据规定，地下水保护需要经济、农业、集体、个体的共同参与，因此要以合作、自愿、负责的精神来完成。各个部门对地下水保护问题的目标和有效措施能协调一致、共同合作，为全部规定提供更多的执行与参与者。在《21 世纪议程》贯彻过程中，巴伐利亚州有 800 个乡镇执行和参与。

　　对更多的企业来说，可持续的环境保护就是总的生产任务。在巴伐利亚，所有生态审查场地有 20% 的高层领导参与到环境管理体系，对地下水的意义是：通过新的生产技术使水的消耗和对水有害的物质的使用降低，使对地下水的保护措施得到改善，节约了生产费用。

　　约翰内斯堡（Johannesburg）环境峰会的最重要部分是国家、国家集团、国际组织、十分重要的企业集团以及私人经纪倡议的促成和合作。自愿合作伙伴草案和责任承担要通过私人活动家和经济给出适合的出路，在巴伐利亚州，环境条约已被赞同，环境条约草案还要继续实行并进一步发展。

　　除法律约束外，还要通过各自负责和目标约定使地下水保护达到更好的改善。为了使地下水得到有效的保护，所有公民在利用地下水时要有责任和保护意识。针对可能出现的污染，对地下水最好的保护就是预防，地下水污染必须从源头做起进行保护。

　　地下水是无价的宝藏，能否为子孙后代的生存取得成功的保证，完全取决于我们现在自己的行动。

2.7.1　可持续的地下水保护政策的基本原则

　　1997 年颁布了由《21 世纪议程》转换成的巴伐利亚州的 21 世纪议程，为可持续的地下水保护作出了以下几条导则：

　　（1）面对人类的有害影响，地表覆盖层对地下水应起到可靠的保护；

　　（2）不准许对已污染的地下水增加污染负荷；

　　（3）必须治理现有的地下水损害和陈旧污染；

　　（4）节约利用地下水；

　　（5）必须避免或尽量减少来自地面和空气（交通、农业、家庭、工业）中的有害物质；

　　（6）原材料的开采必须按照地下水合同执行；

　　（7）任何一种残余物质的使用也要按地下水合同执行；

　　（8）要优先保护深层地下水，只允许在特殊情况下使用。

2.7.2　地下水保护法规

　　水资源法（WHG）和巴伐利亚州水法（BayWG）都有覆盖层对地下水的保护方面规定，因为它是地下水量和水质的保证。水法作为约束工具要为地下水保护作出贡献：

（1）应对饮用水供应的保护区作出规定；

（2）当与对水有害的物质接触时，对地下水保护要作出特殊规定；

（3）禁止违反欧盟法使有害物质进入地下水；

（4）除不可预测的地下水风险之外，在地下水保护行动中要以预防为原则，并以高水平要求。

2.7.3 未来欧洲地下水保护的展望

2000年12月公布的欧盟水框架指令制定了一个新的标准，这个法规的特殊目标是：

（1）最晚至2015年使地下水呈现好水质的状态；在区域水资源平衡前提下确保饮用水供应安全及其生态功能，防止过量使用地下水；

（2）监测人类活动对环境的影响；

（3）防止和限制有害物质进入地下水；

（4）要立即改变有害物质浓度显著增高的趋势并降低污染程度；

（5）掌握保护区内的地下水状态并监测所有危害；

（6）地下水的水文地质条件决定着对现有污染的治理和地下水保护要达到的目标；

（7）由国家制定流域项目的经营计划，参加流域的治理措施。

3 中国渤海湾周边地区的地下水

渤海湾周边有许多城市和乡镇，其中一些大城市的发展一直以来主要依靠地下水，地下水是工农业建设的水资源，一般沿海地区海岸带污染十分严重，特别是处于入海口的地表河流域的下游地带，河流的水质为Ⅳ和Ⅴ类水。因地表水不能利用，饮用水供应唯一来源是地下水。因此，地下水在渤海湾周边地区显得格外重要，但是当前地下水的状态不令人乐观。由于环境污染严重，工、农业发展用水量大，致使地下水的水质和水量都出现严重问题，这是短时间内难以解决的问题。这些问题主要表现为：

（1）各水源地的主要补给水源大、小凌河等河水遭受到严重污染，特别是下游河段，遭受到严重的点源和面源污染。

（2）各水源地均没有设定水源地保护带，在地面无水源地保护带标志，无健全的水源地保护法规和明确的保护条例。

（3）水源地之上的农田的污水灌溉、无控制的施肥和施用的农药已经直接对水源地造成了污染。

（4）在大、小凌河扇地表层都有较厚的黏土覆盖层，是地下水保护的天然屏障，对地下水的水质保护起着决定性的作用。但近年来由于挖渠道、修公路等活动，对扇地表层土壤层造成严重破坏，局部含水层的上覆盖层完全揭露，导致地下水直接受到污染。

（5）城市发展、人口增加及工农业经济增长使城市污水量显著增加，但城市污水处理设施和污水处理率却没有相应的增加，加剧了环境污染。

（6）过量开采地下水，特别是在沿海附近打井，无控制的抽取地下水引起的海水入侵或河流入海处的海水倒灌，也是地下水污染和恶化的重要原因。

3.1 区域概况

3.1.1 交通位置

渤海湾岸边某大城市位于辽西走廊，是连接山海关内外的主要交通枢纽，也是辽西地区政治经济和文化中心。北依紫荆山、大寿山，南临辽东湾，区内交通方便。

3.1.2 经济结构

该市有石油、化工、轻工、纺织、电子、机械、食品加工等大中型企业。现有人口 80 多万，饮用水 100% 靠地下水供应。

3.1.3 气候特征

该地区属暖温带半湿润季风气候，多年气温在 -25.6~39.5℃；多年平均降雨量为 611.93mm，降雨量多集中在 7~9 月份，占全年的 68%；多年平均蒸发量为 1827.2mm，是蒸发量大而降雨量少的地区。每年 11 月上旬结冰，4 月中旬融化，多年平均冻结深度达 1.2m。经气象观测得知，每隔十年出现枯水与丰水年各一次，频率 $p=75\%$ 时的降水量为 489mm。

3.1.4 地表水域

大凌河和小凌河是本区主要河流，其次还有女儿河和双台子河，在东北部还有青年水库等水体。

大凌河发源于安源县的打鹿沟，经朝阳市、锦县进入本区，全长 403km，流域面积为 23048km²，在本区的河段长度为 46km，河道坡度为 0.0002~0.0004，多年平均流量为 48.8m³/s。在枯水季节，当频率 $p=70\%$ 时，流量为 5.8m³/s。该河流在本区为下游河段，水质较差，均为Ⅳ类和Ⅴ类水质，水的利用主要为农田灌溉。

小凌河发源于朝阳县的助安喀喇山，全长 206km，流域面积为 5480km²，在本区的河段长度约为 30km。小凌河在南山与女儿河汇合后在水手营子流进本区，经过门家在何屯南流入辽东湾。多年平均流量为 10.48m³/s，河道平均宽度达 500m，坡度为 0.0005。枯水季节流量一般在 5.0m³/s 以下。

3.1.5 地下水开发现状

该市为了居民供水，在大、小凌河扇地先后建设了 7 处水源地，每天合计开采量达 22 万立方米左右，另外农田灌溉井约有 650 眼，合计开采量约 24 万立方米，再加上厂矿企业自备井的开发，总计开采量达 48 万立方米之多。

各水源地的设计开采量和实际开采量见表 3-1。

表 3-1 某市各水源地地下水开采量对比

水源地名称	设计开采量/m³·d⁻¹	实际开采量/m³·d⁻¹
绥丰水源地	10×10^4	8×10^4
博字水源地	10×10^4	5×10^4
新庄子水源地	7×10^4	3.8×10^4
锦县南山水源地	0.4×10^4	0.4×10^4

续表 3 - 1

水源地名称	设计开采量/m³·d⁻¹	实际开采量/m³·d⁻¹
六段水源地	10×10^4	0.8×10^4
欢三水源地	1×10^4	1×10^4
大凌河水源地	5×10^4	3×10^4
合计	43.4×10^4	22×10^4

3.1.6　地下水的污染现状

地下水在长期开采使用中，水质逐渐向恶化的方向发展。经多年监测，地下水受检的 19 项指标中有 8 项超标，分别为铁离子、亚硝酸盐、氟化物、酚、pH 值、氯化物、锰离子、硝酸盐。另外氨氮和镉也有超标现象。铁离子超标区位于冲洪积扇中部和前缘，氟化物超标区位于冲洪积平原，其他 6 种污染物超标区皆位于大、小凌河沿岸和污灌区。

3.2　区域地质与水文地质条件概述

3.2.1　区域地形地貌条件

该地区为山前平原地貌景观，由低山丘陵、冲洪积扇和冲海积平原组成。西北两侧被低山丘陵环绕。紫荆山、四顶山的标高分别为 372.4m 和 293.3m，冲洪积扇标高为 16~17m，冲海积平原标高为 2~4m。平山、卧龙山呈孤山位于冲海积平原之中，其标高为 39.2~45.3m。将本区地貌按其成因和形态划分出的类型见表 3-2。

表 3-2　本区地貌形态类型划分

地形成因类型	地形形态	分布地区	地形标高/m	主要岩性
剥蚀地形	剥蚀低山	西北部白云山、紫荆山一带	200~400 相对标高 70~270	黑云母花岗岩、片麻岩、石英岩
	剥蚀丘陵	松山、杨家一带	50~200	混合岩、花岗岩、片麻岩、灰岩、石英岩
剥蚀堆积地形		在低山、丘陵区周围呈裙带状分布	50~80	亚黏土、亚砂土，局部含碎石透镜体，厚度 15~20m

地形成因类型	地形形态	分布地区	地形标高/m	主要岩性
堆积地形	冲洪积平原	大凌河冲洪积扇	20~30	卵石、砂砾石、亚砂土和亚黏土组成
		小凌河冲洪积扇	4~5	
		大、小凌河河床与漫滩	河床宽处为90~300 窄处为50	细砂、中粗砂、砂砾石等
	滨海平原及三角洲	分布于何屯、北二沟，呈东西向分布	2~4	亚砂土、黏土、局部有盐渍化土，为滩涂地
	风积砂地及沙丘	分布在大凌河两侧和左河道，在六段河岸最发育	沙丘高2~4	中至粉细砂

地下水主要赋存在剥蚀堆积地形和堆积地形的地貌单元，特别是在冲洪积平原，地下水的储存量特别大。

3.2.2 区域地质条件

该地区在大地构造单元上属于新华夏第二沉降带与第三隆起带的过渡地带。自第三纪以来，在新构造运动的作用下，盆地整体下降，沉积了较厚的第三系和第四系地层。在第四系时期，随着冰期和间冰期的交替出现，自第四纪的晚更新世以来发生了三次海侵，海侵和海相沉积物是本区域咸水形成的基本条件。

区域地层主要以第四系地层较为发育，分布面积广，厚度较大，层位齐全，基岩仅在西、北部有出露。区内自老到新分布的主要地层有太古界的鞍山群、辽河群、上元古界的震旦系及新生界的第三系和第四系地层。地层划分见表3-3。

表3-3 区域地层划分

地层时代	地层名称	分布地点	厚度/m	主要岩性
太古界	鞍山群	西北部松山、紫荆山蔡家坟一带		片麻岩
	辽河群	西北部羊圈子一带		石英岩和片麻岩
上元古界	震旦系	杏山、松山、四方坨、卧龙山一带		砾岩、含砾长石石英砂岩、页岩、薄层灰岩

续表 3 – 3

地层时代	地层名称		分布地点	厚度/m	主要岩性
新生界	第三系		地表无出露，皆位于东南部平原之下		砂砾岩、含砾砂岩、粉砂岩和泥岩
	第四系	下更新田庄台组下段、上段	西龙玉、古龙湾、陈家街	10～100	灰、灰褐色黏土、亚黏土中粗砂、砂砾、卵石混土棕黄色黏土、卵石混土
		中更新统郑家店组			粉细砂、中粗砾、细砂
		上更新统，榆树组，坡积洪积相	分布在丘陵前缘地带	5～20	亚黏土、粉细砂、砾石
		冲洪积相 下段		5～20	砂砾石、中粗砂、细砂
		冲洪积相 中段		2～20	亚黏土、亚砂土、泥质
		冲洪积相 上段		20～25	亚黏土、砾石、中粗砂为主
		冲海积相	分布在沿海一带	20～30	中细砂、粉砂、亚黏土
		全新统盘山组	分布于低山丘陵区	2.5～20	亚砂土、亚黏土、碎石
		大、小凌河冲洪积相	分布于七段、古龙湾	20～25	亚砂土、亚黏土、细砂、粉砂
		风积相：沙丘、砂岗	分布于大凌河沿岸	5	浅黄色松细砂
		冲海积相	分布于南圈河、蚂蚁屯	20～40	粉细砂、黏土、灰淤泥

3.2.3 区域水文地质条件

根据区域地形地貌条件、地质构造特征及地层结构与岩性特征，可划分出四个主要含水层，见表 3 – 4。

表 3 – 4 区域内主要含水层划分

含水层名称	地层	埋深/m	厚度/m	富水性（单井Q）/m³·d⁻¹	水质类型	矿化度	地下水类型
第四系浅层含水层	全新统和上更新统	20～50	20～50	2000～5000	HCO_3 – Ca – Mg HCO_3 – Cl – Ca·Mg		潜水微承压
第四系深层含水层	中更新统和下更新统	40～80	5～10	1000～3000	全淡水、上淡下咸水、全咸水		承压水
第三系深层含水层	第三系明化镇和馆陶组	200～300	100～300	887～2500	HCO_3 – Na·Ca 水	小于1g/L	承压水
太古界裂隙含水层	分布于丘陵山区	3～5		富水性差			无供水意义

3.2.3.1 水文地质单元

按照地下水的补给、径流和排泄条件，本区可以划分为三个独立的水文地质单元。

（1）低山丘陵区。位于本区西北部山区，双羊店、松山和杏山一带。地下水赋存在花岗岩、变质岩、灰岩的构造裂隙和风化裂隙中。裂隙的连通性差，故富水性差，是本区的贫水区，地下水一般埋藏在风化裂隙中，埋深较浅，为 3~5m。

（2）冲洪积平原区。这个水文地质单元在本区有着特殊意义，是供水的主要开采区。它主要分布在大、小凌河冲洪积平原区，含水层厚度大，颗粒粗，分布广泛，具有极好的储水条件，在冲洪积扇的顶部和中部是强富水带，从扇顶到前缘含水层由薄变厚，由单层变为多层，富水性变差，地下水类型由潜水向微承压和承压水过渡（见图 3-1），该水文地质单元是本区主要开采的水源地对象。

（3）冲海积平原区。主要分布在冲洪积扇的南部，冲积和海积交互成层，岩相变化大，各层相互交替，连续性差，地下水的水质呈淡、咸水渐变关系，在沿海地带由于各地的地层差异，地下水会出现上淡下咸或上咸下淡的结构。该水文地质单元地下水虽然也较丰富，但由于水质问题无供水价值。

3.2.3.2 水文地质分区

对有供水意义的冲洪积平原区的水文地质单元按其地下水类型划分为两大分区：

（1）潜水-微承压水区。该区广泛分布于朱坨、南马道、三义屯一线的西北，在大、小凌河冲洪积扇的后缘部位有绥丰、博字和新庄子水源地。含水层上部覆盖约 3~10m 厚的粉质黏土和亚黏土，对含水层有较好的天然保护作用。含水层的底板埋深为 20~80m，含水层厚度为 20~60m，岩性为卵砾石和砂砾石。底板岩性为太古界的混合岩、花岗岩和第三系的泥岩。地下水埋深为 3~5m，据抽水试验测定渗透系数 $K = 150~400m/d$，单井涌水量 $Q = 5000~11000m^3/d$，地下水类型为 $HCO_3 - Ca$ 或 $HCO_3 - Ca \cdot Mg$ 型水，总溶解固体小于 0.5g/L，为水量丰富、水质良好的地下水。

（2）承压水区。按地下水埋深又划分出浅层承压和深层承压两个亚区。

1）浅层承压水。主要分布于大、小凌河中部和前缘。含水层由卵砾石和砂砾石组成，上部有粉质黏土和亚砂土的覆盖层，厚度达 10~25m。含水层底板埋深 40~75m，含水层厚度在李坨等地达 40~50m，其他地段为 20~40m。抽水试验测定，当降深 $S = 2~5m$ 时，单井涌水量 $Q = 2800~4800m^3/d$，渗透系数 $K = 62~87m/d$，水质类型为 $HCO_3 - Ca \cdot Mg$ 水，矿化度为 0.5g/L。在小凌河洪积扇前缘经抽水试验测定，当 $S = 3m$ 时，$Q = 2080m^3/d$，$K = 62m/d$，水质类型为

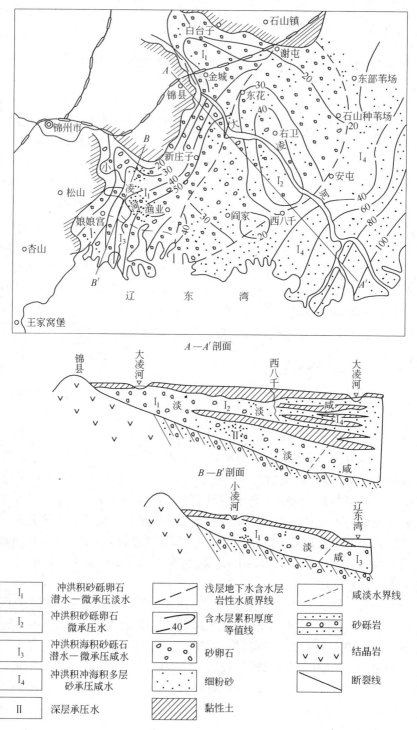

图 3-1 水文地质单元与地下水类型分布图

$HCO_3 - Ca \cdot Na$ 型水或 $HCO_3 - Ca$ 型水，总溶解固体为 $0.5 \sim 1g/L$。在冲海积地层内有咸水侵入淡水，咸水夹有淡水透镜体。

2）深层承压水。主要位于浅层承压水以下，分布于平山子以东地区，含水层顶板由黏土和粉质黏土组成，厚度为 $5 \sim 10m$。含水层埋深由西北向东南为 $40 \sim 80m$。含水层由砂砾石和混土组成，分选差，厚度为 $30 \sim 80m$，由淡水向上淡下咸至咸水过渡。根据抽水试验测定，单井涌水量 $Q = 1000 \sim 3000m^3/d$，渗透系数 $K = 5 \sim 40m/d$。水质类型为 NaCl 型水，总溶解固体最高为 $44g/L$。

3.2.3.3 地下水的补给和排泄

A 地下水补给

本区地下水的补给主要有大、小凌河的入渗补给，降雨补给，农田灌溉水的入渗补给，地下水的侧向径流补给等，见表 $3 - 5$。

表 3 - 5 地下水的补给量组成

补给量来源	补给量/$m^3 \cdot d^{-1}$	占百分比/%
河流入渗（大、小凌河）	31.63×10^4（平均）	37
大气降水	25.716×10^4	29.3
农田灌溉入渗	19.74×10^4	21.44
地下水侧向径流	10.77×10^4	12.25
总 计	87.856×10^4（$32120 \times 10^4 m^3/a$）	100

B 地下水排泄

本区地下水的排泄量主要用于人们的饮用水和工、农业生产用水，自然方式的排泄主要以径流的方式流入到辽东湾。排泄量的组成成分见表 $3 - 6$。

表 3 - 6 本区地下水排泄量的组成成分

排泄方式	排泄量/$m^3 \cdot d^{-1}$	占百分比/%
水源开采	22×10^4	25.59
农业利用	24.37×10^4	28.35
蒸发量	8.77×10^4	10.21
侧向流出	30.82×10^4	35.85
总 计	85.96×10^4	100

3.2.3.4　地下水的动态特征

本区地下水动态受多种因素影响，地下水的补给、排泄方式不同，通过动态观测资料可以划分5种动态类型（见表3-7）。

表3-7　地下水动态类型的划分

动态类型	分布地点	变化特征	水位年变化幅度/m	其　他
气象型	冲洪积扇的后缘	主要受降雨补给	1.8~2.5	含水层上覆黏土盖层较薄
水文~开采型	大凌河沿岸	随河水位变化，与河流越近越明显	1.2~1.5	河水直接补给
径流~开采型	位于冲海积平原区	与地下水的径流补给相关，也受灌溉影响	农灌期水位降幅较大，达3~5m	每年2月、10月出现两次水位峰值
混合型	冲洪积扇的大部分地区	受降雨、地下水径流、人工开采多种影响	水位变幅较小1~2m，低水位处在5~9月	11月至次年2月为每年的高水位期
潮汐型	位于冲洪积扇前缘近沿海地带	地下水变化与潮汐变化一致，每天都出现两次高、低值	0.37~0.49	受潮汐直接影响

3.2.3.5　地下水的化学特征

冲洪积平原区是地下水循环强烈地区，受海陆交互相沉积物及淡水和咸水的影响，又受人工开采的影响，故地下水的化学类型较复杂，水质类型有 HCO_3 - Ca、HCO_3 - Ca·Mg（Na）型水，渐变为 HCO_3 - NaCl 至 NaCl 型水，矿化度由扇前至前缘从 0.2~0.5g/L 增加到 0.8~2.6g/L。本区的水质类型见表3-8。

表3-8　本区地下水水质类型的划分

地下水水质类型分区	水质类型	总溶解固体/g·L^{-1}	其　他
低山丘陵区	HCO_3 - Ca·Mg 水	0.4	为降雨补给区
冲洪积平原区	HCO_3 - Ca、HCO_3 - Ca·Mg（Na）水至 HCO_3 - Ca、Cl（Na）水	0.8~2.6	为海陆交互相沉积物
冲洪积平原区的上淡下咸水区	上部为 HCO_3 - Ca 水	0.5~0.7 >1.0	位于冲洪积扇前缘
上咸下淡水区	Cl（Na）水 下部深层为淡水	10~50 0.5~1.0	位于大有农场西八千一带

地下水水质类型分区	水质类型	总溶解固体 /g·L⁻¹	其　他
上咸中淡底咸水区	上部 Cl 离子含量达 24g/L	42	滨海平原一带
	中部淡水 Cl 为 0.53g/L	/	
	下部 Cl 为 17g/L	29	

3.3 地下水的污染调查

2000 年以前，该地区多次进行了对小凌河河水灌溉生态效应的调查，调查结果证实地下水受到不同程度的污染，致使正在开采的作为饮用水的多个水源地也受到不同程度的污染。

3.3.1 污染源调查

该地区地下水污染较严重，可分为两大类：人为污染和自然污染。

3.3.1.1 人为污染源

人为污染源主要包括工业废水、生活污水、固体废物和农业污染源等。

（1）工业废水。据统计，该地区工业废水排放大户有金城造纸厂、发电厂、大东油厂、铁合金厂等 26 个企业。这 26 个企业年总污水排放量为 6306.28 万吨，是全市排放量 7019.05 万吨的 90%；排放的污染物总量为 13.61 万吨，是全市 14.17 万吨的 96%。这些废水都排放到大、小凌河和绕阳河及其支流。水质监测结果表明，大、小凌河的下游，水质均超过地面水 V 类水标准，中、上游为 Ⅳ~Ⅴ 类水，致使地表水遭受到严重污染。这些企业污水排放量为 17.0 万吨/d，几乎相当于 7 个水源地每天 22 万吨的开采量，此对比数据相当惊人。

（2）生活污水。当前该市人口约为 74 万，如按人均用水量 162L/d 计算，则该市生活污水年排放量达 350~393.8 万吨，实际上生活污水排放量已突破 400 万吨。这些污水未经处理直接排放到大、小凌河里。

（3）固体废物。固体废物的种类主要有冶炼废渣、粉煤灰、矸石、危险废物和生活垃圾等。粉煤灰年产生量为 140.20 万吨，综合利用量为 18.5 万吨；危险废物年产生量为 3.06 万吨，综合利用量为 1.16 万吨；生活垃圾日产生量在 800t 以上。这些固体废物都未经安全填埋处理，处于露天堆放，在雨水淋滤作用下，是地下水和水域最严重污染源。

（4）农业污染源。在冲洪积平原区，也是该地区主要供水水源地的分布地区及农田的重要分布区。农田施肥、使用农药和灌溉都无控制，从没有考虑到对地下水保护问题。据调查，施用的农药和化肥 80%~90% 能渗入到土壤里，部分可进入地下水。特别是污水灌溉，它是地下水的直接污染源。该地区地下水水源地严重污染的原因是农业污染，也是很难解决的污染问题。

3.3.1.2　自然污染源

自然污染源主要指自然地理条件及地质和水文地质条件引起的污染。该地区由于地质环境造成的 Fe^{2+}、Mn^{2+}、F^- 等离子超标，对地下水产生了影响。其次是在扇地前缘，近辽东地区由于受海水的影响，地下水中 Cl^- 增高，矿化度增高，对地下水产生了影响。

3.3.1.3　地下水中的主要污染物

地下水中的主要污染物按其性质可以划分为两大类：

（1）化学污染物。包括无机污染物和有机污染物两种。本区地下水中无机污染物有 NO_3^-、NO_2^-、Cl^-、Cr^{6+}、氰化物等。有机污染物主要有油、酚等。

（2）生物污染物。主要有细菌、病毒和寄生虫等，主要来源为生活污水。

3.3.2　地下水污染特征与方式

地下水受到某种污染物的污染，一般从外观上不易察觉，只能通过化学分析来查证。另外，地下水污染具有不可逆转性和潜在危险性，地下水一旦受到污染，很难在短时间内治理和恢复，污染状态会维持长达几十年或上百年。

3.3.2.1　污染物在地下水中的迁移方式

绝大多数污染物一般先要经过含水层的上覆盖层进入到包气带，再经过很复杂的物理、化学和生物作用缓慢地进入含水层，随后溶解到地下水中，其迁移方式如图 3-2 所示。

如图 3-2 所示，污染物在地下水中的迁移过程中，人为污染源（大、小凌河排放的污水，灌溉污水，化肥，农药），通过表层土壤进入包气带（浓度为 c_0），在含水层盖层（包气带）经土壤吸附、雨水稀释、农作物吸收、生物作用等浓度降为 c_1，进入到含水层后再经过土壤吸附、阳离子交换吸附等一系列物理化学作用，最后污染物经迁移和弥散作用进入到抽水井时，浓度降为 c_2。如果该浓度超标，则所抽取的地下水可认为是已被污染的地下水。

本区的冲洪积扇平原区含水层之上覆盖有厚度为 5～10m 或更厚的亚黏土或黏土层。根据德国学者研究，黏性土对地下水的保护指数是最大的（0.5），黏性土厚度在 2m 以上（总指数 $I > 1.0$）时，对地下水的保护可达到极好的程度，这种情况下水源地可不必设 II 带保护带。

基于这种情况，该市冲洪积扇平原区地下水有极好的天然保护条件，冲洪积

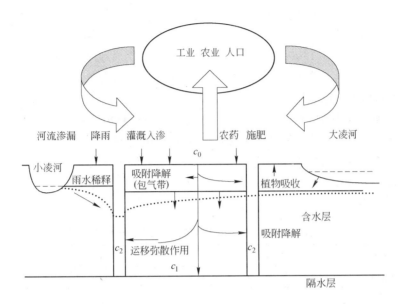

图 3-2　污染物在地下水中迁移方式示意图

扇的二元结构的表面黏土层是地下水的天然保护外衣。为了避免对地下水的进一步污染，首先要对含水层盖层进行保护，这将是今后对地下水保护加强研究的工作重点。

　　还有大量研究也表明，表土层（黏土盖层）和包气带土壤层有较大的自净能力和环境容量，如可去除 95% 左右的 BOD，85% 左右的 COD，同时对各种重金属也有较强的去除能力。

3.3.2.2　污染物进入地下水的途径

　　污染物进入地下水的途径较复杂。经研究，本区污染物进入地下水的途径可划分以下两类。

　　（1）间歇入渗型。污染物通过大气降水或污灌水的淋滤使有害物质进入表土层，然后周期性地从污染源经过包气带进入含水层，这种入渗方式多半是非饱和状态的淋滤渗流形式，或是短时间饱和水状态的连续渗流形式。这是固体废物和灌溉污水的主要污染方式。

　　（2）连续入渗型。污染物随污水或补给水连续不断地进入含水层。例如，在河流排污的情况下，河水对地下水的直接补给，如果在临近河流的水源地抽水，污水会直接污染地下水。

3.3.3　被污染地下水的水质特征

　　被污染地下水的水质特征包括以下几个方面：

（1）地下水的总硬度升高。通过对该市部分水源地的水源井水质的监测调查，某些水质有向恶化方向发展的趋势，表现出被污染的状态。例如，绥丰水源地地下水硬度变化在 140 ~ 416mg/L 之间，博字水源地地下水硬度变化在 184 ~ 380mg/L 之间，两水源地的水源井的总硬度都有超标的现象。总硬度的升高，很明显地表明地下水已被污染。

（2）地下水中 Cl^- 含量升高。Cl^- 是地下水中迁移能力很强的离子之一，它的含量变化与很多因素有关。本区 Cl^- 含量升高主要取决于两个因素，一是河流排污，二是滨海咸水含水层或海水入侵。例如，在河流排污的情况下，临近河流的地方地下水中 Cl^- 含量高，远者则低。地下水中 Cl^- 含量与河流距离的关系见表 3 – 9。

表 3 – 9   地下水中 Cl^- 含量与河流距离的关系

距离/m	140	420	510	760	800	960	1250
Cl^- 含量/mg·L^{-1}	92.2	81.7	88.6	74.5	65.5	51.4	39.0

经测定，绥丰水源地 Cl^- 含量在 16 ~ 171.5mg/L 之间，博字水源地在 15 ~ 46mg/L 之间，两个水源地地下水中的氯化物含量总体有上升趋势，都表现出污染特征，这主要是由河流排污水引起的。

（3）硫酸盐。绥丰水源地地下水的硫酸盐含量为 18 ~ 78mg/L，博字水源地为 6 ~ 28mg/L，虽然总量在饮用水标准中没有超标，但有升高的趋势，形势不容乐观。

（4）总溶解固体。绥丰水源地地下水总溶解固体为 240 ~ 680mg/L，博字水源地为 190 ~ 640mg/L，都有升高趋势。

（5）硝酸盐。绥丰水源地地下水硝酸盐含量为 0 ~ 2.4mg/L，博字水源地为 0 ~ 0.8mg/L，也略有升高趋势。

（6）耗氧量。绥丰水源地地下水耗氧量为 0.2 ~ 2.4mg/L，博字水源地为 0.5 ~ 1.6mg/L，总体有升高趋势。

综上所述，如果按地下水Ⅲ类质量标准评价地下水的这六种成分，虽然都没有超标。但总体呈上升趋势，向水质恶化方向发展，说明对地下水的利用与保护不利。

3.3.4   污染物成因分析

3.3.4.1   地下水的盐污染

盐污染是指地下水受硬度、Cl^-、SO_4^{2-}、总溶解固体、NO_3^- 等常规组分的污染。

（1）氯化物。在 1988 年至 1998 年的十年间，绥丰和博字两个水源地 Cl^- 含量均从 15mg/L 分别增加到 60 mg/L 和 45mg/L。绥丰水源地的 Cl^- 含量增长幅度较大，其原因是，在长期开采中水源地的降落漏斗已扩展到小凌河，而小凌河接纳污水总量达 9593 万立方米/a（26.28m^3/d），主要污染物浓度 COD 为 19.64～40.4mg/L，油为 0.53～2.76mg/L，酚为 0.007～0.03mg/L，氰化物为 0.008～0.02mg/L，NH_3-N 为 0.978～1.1155mg/L，Cl^- 为 84～222mg/L。小凌河的水质为 Ⅳ～Ⅴ 类。因此，该水源地的 Cl^- 含量升高与小凌河的污水补给有关。

（2）硬度。1988～1998 年，绥丰和博字两个水源地地下水的硬度分别为 250～400mg/L 和 240～340mg/L，硬度升高的原因主要有小凌河污水的入渗补给；入渗水中的 K、Na 与包气带中的 Ca、Mg 的阳离子交换作用；钙镁难溶盐的溶解，被污染的土壤中有机物分解可产生大量的 CO_2，CO_2 溶于水使下渗水的 CO_2 分压增大，致使部分碳酸盐溶解。

（3）硝酸盐。地下水中的硝酸盐可直接来源于肥料中的 NO_3^-，其次是污水中的 NO_3^-。间接来源于有机氮及 NH_4-N 的转化，即通过氨化作用和硝化作用将有机氮、NH_4-N 转化为硝酸盐。因此，污水的入渗补给和农田施肥被灌溉水淋滤入渗补给是地下水中硝酸盐含量升高的主要原因。

（4）耗氧量。由于各水源地都位于开放的含水层系统，地下水在补给过程中进行生物降解及包气带和含水层的颗粒吸附作用，故地下水中耗氧量小，含氧量的变化幅度也较小。

3.3.4.2 小凌河的污灌是地下水污染的重要原因

小凌河是该市水田的主要灌溉水源，取水量达 1250 万立方米/a，浇灌面积达 8.67km^2，引水渠道长 49.4km。

通过对污灌区 10 眼饮用水井的水质监测，在 13 种主要污染物中除汞、铅、六价铬和氰化物未检出外，其他 9 种均检出。主要污染物是油、耗氧量（COD）、氨氮（非离子氨）、硝酸盐、亚硝酸盐、磷、钾、硫化物和酚。

3.3.5 地下水的环境质量评价与污染趋势预测

3.3.5.1 污染现状调查

在 1992 年对地下水多年监测的结果中，受检的 19 项指标中有 8 项超标，特别是小凌河的建业乡污灌区，地下水污染比较严重。地下水中物质超标情况：铁 69%、亚硝酸盐 30%、氰化物 28%、酚 16%、pH 值 16%、氯化物 10%、锰 10%、硝酸盐 7%。其中，铁离子超标区位于冲洪积扇的中部和前缘，氟化物超标区位于冲海积平原，这都与自然因素有关。其他 6 种污染物超标区皆位于大、小凌河沿岸的污灌区。

在 1996 年对饮用水源井和其周围监测井检查结果中，受检的 17 项指标中有 9 项超标。其中，总硬度超标率最高，达 34%；氨氮为 17%；六价铬、亚硝酸盐、洗涤剂、氯离子、氟化物和高锰酸钾指数均有不同程度的超标，见表 3 - 10。

表 3 - 10   1996 年地下水监测结果统计表   （mg/L）

项目	pH值	Cl⁻	COD	NH_3-N	NO_3-N	NO_2-N	CN^-	酚	油	Cr^{6+}	Hg	Pb	As	F^-	SO_4^{2-}	硬度	洗涤剂
枯水期	7.29	158.33	1.06	0.11	0.93	0.01	0.003	0.001	0.013	0.029	0.011	0.49	0.004	0.57	73.39	42.8	1.02
丰水期	7.41	142.62	1.03	136	1.27	0.014	0.002	0.001	0.018	0.021	0.014	1.08	0.004	47	76.49	413	1.05

3.3.5.2   对地下水的环境质量评价

根据污染调查资料，目前仅能对绥丰、博字和大凌河水源地进行环境质量评价，又据 1998 年该市自来水公司的质检结果，三个水源地的各水源井中六价铬、砷、汞、氰化物均未超标，其他项目评价结果见表 3 - 11。

表 3 - 11   三个水源地的地下水环境质量评价结果

水源地	各项目的实测值/mg·L⁻¹					综合水质指数（Pi）			评分
	NO_3-N	Cl⁻	SO_4^{2-}	总硬度	总固体	均值法	加和法	均方法	F
绥丰	2.23	236.2	37.2	464.42	952	0.64	1.18	0.86	1
博字	1.45	50.49	13.7	386	469	0.33	1.66	0.65	0
大凌河	1.29	54.34	25.5	444	430	0.36	1.8	0.74	0
标准值	20	250	250	450	1000				

从表 3 - 11 可明显看出，目前仅绥丰水源地总硬度超标，而大凌河水源地接近超标，其他项目暂未超标。这说明，当前加强对水源地和地下水的合理利用和保护是有很大潜力的，采取有效措施后，地下水水质向好的方向发展是有可能的。

3.3.5.3   地下水的污染趋势预测

根据绥丰和博字两个水源地 1988～1998 年的地下水水质变化动态资料，建立回归方程对地下水水质发展趋势进行了预测，预测结果见表 3 - 12。

表3-12　博字/绥丰水源地地下水水质发展趋势预测　　　　（mg/L）

时间\项目	1999年	2000年	2001年	2002年	2003年	2004年	2005年	2006年	2007年	2008年
硬度	344/391	355/405	365/420	376/434	387/448	399/463	408/477	419/491	430/506	441/520
Cl^-	40.2/71.9	42.6/76.3	45/80.7	47.4/85.1	49.8/89.5	52.2/93.9	54.6/98.3	57/103	59.4/107	61.8/112
SO_4	27.6	29.8	32.1	34.3	36.5	38.8	41.0	43.3	45.5	47.7
TOS 总固体	597	625	654	682	710	738	767	795	823	851
NO_3-N	3.3/3.4	3.6/3.7	4.0/4	4.3/4.4	4.7/4.7	5/5	5.4/5.3	5.8/5.6	6.1/6	6.5/6.3

从表3-12中两个水源地地下水质预测结果可以看出，污染物含量总体上处于上升的趋势，总硬度超标，如果不对地下水采取应急的合理利用和保护措施，任其继续恶化，总有一天会有更多水质指数超标，致使地下水的利用对人的健康造成危害。

3.4　饮用水源地现状调查

近年来，该市环科院提交了2007年10月完成的饮用水源地现状调查报告，在该报告中对地下水资源状况、饮用水源地基本情况、污染源调查与评价、地下水资源管理现状、水质现状与评价及污染治理现状做了全面系统的调查研究工作。

调查研究表明，近年来对地下水水源地的污染治理和保护给予了极大重视，特别是针对城市污水排放和垃圾治理做了许多工作，减少了这方面的污染负荷。对农业的面源污染已着手发展生态农业的广泛活动，逐步地解决农业污染的难题。通过实际调查证明，当前该市各水源地的水质、水量都在向好的方向发展，主要是因为近年来采取了各种各样的地下水保护工程技术措施。

3.4.1　区域内地下水资源状况

3.4.1.1　资源量与可开采量

资源量可理解为地下水的天然补给量，在本区应为大气降水与地表水的入渗补给量。2005年，该区的地下水总资源量约为16亿立方米，包括山区的6.55亿立方米和平原区的9.51亿立方米两部分。

目前，可开采资源总量为11.61亿立方米/a，其中山区地下水的可开采量为0.39亿立方米/a，平原区的可采量为11.22亿立方米/a。可达到采补平衡，因此不需动用地下水的总储存量，可以保持水资源的良好状态。

3.4.1.2　水资源利用现状

该城市当前具有采水量大于 2000m³/a 的地下水开采井 6116 眼，水井密度为 0.61 眼/km²。水井在平原区分布有 4002 眼，为全市总水井数的 76%，密度为 0.82 眼/km²；山区分布有 1514 眼井，为全市总水井数的 24%，密度为 0.32 眼/km²。

2005 年开采运行的水井总数为 5574 眼，投产率为 91%，总开采量为 7.33 亿立方米/a。按水井类型可分为以下 3 种：

（1）城镇自来水井。共有 58 眼，主要分布在城镇所在地，为大水量的开采井，总开采量为 1.0 亿立方米/a。

（2）各部门的自备水井。共有 328 眼，分布在工矿企业、铁路等部门，总开采量约为 1.9 亿立方米/a。

（3）农用井。共有 5725 眼，其中用于农田灌溉井的有 5506 眼，已投产的有 5310 眼，总开采量为 4.0 亿立方米/a。

实际上，2005 年度全市所有地下水开采井的总开采量近 7 亿立方米，仅为总资源量的 1/2 以下。

3.4.2　地下水饮用水源地的生产现状

该市分布有 20 个地下水水源地，其中市政水源地 7 个，市周围各县城供水水源地约 5 个，企业自供水和境外供水水源地 6 个，还有两个水源地专为凌海市大凌河镇供水。上述 20 个地下水水源地的具体情况见表 3-13。从表 3-13 中可以看出，20 个水源地总设计开采量为 2.5 亿立方米/a，而实际开采总量约为 1.8 亿立方米/a（17877.55 万立方米/a）。因为目前的开采量仅为总水资源量的 1/10 多一点，故该地区地下水开采利用在水资源量上仍有潜力。

表 3-13　地下水水源地分布与地理位置

序号	水源地名称	地理位置	水井数量	开采量/万立方米·a⁻¹		所属权
				设计	实际	
1	大凌河	新庄子乡朱坨子村	15 眼深井	2555	2555	市自来水公司
2	博字	建设乡博字村	21 眼深井	3650	2356	市自来水公司
3	绥丰	建设乡绥丰屯村	17 眼深井	3650	1767	市自来水公司
4	南山	新民乡关屯村	7 眼大口井	1267	1267	市自来水公司
5	女儿河	腰汤河子村	6 眼大口井	966.3	335	市自来水公司
6	鲁屯	太和区鲁屯村	1 眼渗渠	82	82	市自来水公司

序号	水源地名称	地理位置	水井数量	开采量/万立方米·a^{-1}		所属权
				设计	实际	
7	百股	太和区百股村	1 眼大口井	108	108	市自来水公司
8	部队	义县八里堡村	1 眼大口井	200	200	部队
9	金城造纸厂	凌海金城镇	4 眼深井	2535	1428	金城造纸公司
10	铁合金集团	王胡台村	15 眼深井	544.56	412	铁合金厂
11	东港电力	大业乡杨桂屯	22 眼深井	3650	2500	东港电力公司
12	石化新庄子	新庄子乡大明村	12 眼深井	2263	1631	中石油石化分公司
13	阜新（境外）	孙柏屯村	4 眼大口井	2518	2000	阜新市自来水公司
14	大来号	凌海市尤山子村	2 眼大口井	73	73	凌海市自来水公司
15	六段	凌海市六段村	3 眼深井	224.5	244.5	凌海市自来水公司
16	段家	大营盘村	13 眼深井	341.35	341.35	黑山县自来水公司
17	胡屯	北镇市胡屯	4 眼深井	194.7	175.2	北镇市自来水公司
18	富屯	北镇市富屯村	3 眼深井	101.4	91.25	北镇市自来水公司
19	马太	广宁站村	3 眼深井	101.4	91.25	北镇市自来水公司
20	义县市政	义县后五里村	4 眼大口井	305	220	义县自来水公司
合计			162 眼井	25350.21	17877.55	

3.4.3 饮用水源地的污染调查与评价

调查证实，在上述提到的 20 个地下水水源地的各保护带中，都存在不同的工业和生活污染源，给水源地造成不同程度的污染，这将是今后水源地保护工作的长期任务。

在一级保护区内仍存在工业污染源。例如，鲁屯水源地一级保护区内有建筑物（铸造研究所、东正饲料公司等），并且污水排放量达每年上千立方米，还堆存有少量的固体废物；女儿河水源地有 80 万吨的铁合金渣堆场；绥丰水源地有晒粪场等等。这些都是需要尽快清除的污染源。

在各水源地的二级保护区内的主要污染源仍是污水排放，这种情况在各水源地普遍存在。例如，南山水源地每年的污水排放量达上千吨；百股水源地内的汽车植绒有限公司的污水年排放量为近 1.5 万吨；鲁屯水源地污水排放量更大，各公司的污水排放总量每年达 2 万吨以上。这是必须解决的长期任务。

生活污染源仍是生活污水的排放。经调查证实，在各水源地一级保护区均无排污口，在二级保护区内仅百股、阜新、金城造纸和女儿河水源地有排污口，污水年排放总量达 2.4 万吨。

农村污染源主要有生活污水排放（包括旱厕入渗、餐饮污水入渗和养殖粪便入渗）、生活垃圾排放、农田污水灌溉、施肥和农药。目前污染现状仍很严重，是需要尽快解决的困难问题。

当今存在的新的污染源是违章建筑物，特别是在一级保护区的厕所、住宅、小型工业企业厂房等，比较典型的是鲁屯水源地，存在许多近年来修建的建筑物。

3.4.4 饮用水源地的水质现状与评价

经调查证实，上述提到的 20 个水源地水质总体上是良好和较好的状态。个别项目如总硬度，在南山水源地处于超标状态（592mg/L），还有些水源地将处于超标状态。其他水质项目大部分都达标，说明近年来对水源地的环境保护工作已取得显著成效，水质正向好的方向发展。因此，加强地下水水源地的保护是十分必要的。

3.4.5 水源地污染治理工程建设

为了加强对水源地的保护，杜绝污染，近年来该市开展了一系列的保护工程建设，主要有以下几项：

（1）城市污水处理厂的建设。城市污水处理一期工程始建于 2000 年 10 月，于 2004 年末开始运行，为二级污水处理系统，年处理能力 10 万吨，工程投资近两亿元。其效果是明显地改善了小凌河的水质环境，使绥丰、博字水源受益，小凌河沿岸的生态环境也得到更好的改善。

（2）城市生活垃圾处理场的建设。在老的南山垃圾填埋场北侧建设了一个 20 万立方米的垃圾处理场，日处理垃圾 1250t。分别采用好氧堆肥、渗滤液收集处理等先进处理技术，削弱了老的南山垃圾堆存场对南山水源地的污染威胁，取得了很好的效果。

（3）金城造纸废水处理二级工程。金城造纸厂的废水排放是历史以来对大凌河的直接污染源，间接地对扇地各水源地成为较大的污染威胁，自 2004 年一期工程投产后，目前已开始二期工程建设。年污水处理能力为 5.0 万吨，工程投资 1.2 亿元。二期工程实施后，污水可达标排放。

（4）铁合金铬渣山的污染隔断工程。该市铁合金铬渣山对地下水的污染曾造成上百眼井废弃。当前铁合金有限公司修建了防渗铬渣场来处理铬渣，场地面积为 4.0 万平方米，投资 240 万元，堆存量可达 60 万吨。该工程与以前的垂直隔断工程相结合阻隔铬渣液的溢流，从而确保地下水免受污染。该工程实践证明，对地下水较好的保护有明显效果。

（5）水源地防护工程。对南山水源地的水源井设置围墙保护，外设铁丝网围栏，工程面积达 5km²，投资 10 万元。该工程有效地防止了打井、采石、挖沙、取土、垃圾堆放、工业废渣堆放等一切不良行为，确保了水源井的水质安全。

(6) 防止海水入侵工程。为了防止海水入侵，避免地下水水质恶化，采取了一系列工程措施：

1) 拦河坝工程：目的是抬高小凌河水位，防止海水倒灌。

2) 排污工程：将处理的污水用暗渠引入拦河坝下游，保证透水廊道的水质不受污染。

3) 引水工程：从拦河坝到新安再向东穿小凌河堤后，引水到透水廊道。

4) 透水廊道工程：目的是要形成淡水水体封闭圈，防止海水入侵。

5) 大凌河引水工程：为了保证建立淡水水体所需的水量，当小凌河水量不足时，可立即从白石水库调水补给，确保有足够阻挡海水入侵的淡水水头。

6) "减采"和"补采"工程：修干渠 10891m，主要引用白石水库的水补给小凌河灌区的地下水。封闭 188 眼机电井，从而减采地下水。

(7) 汤子河地区垃圾处理工程。垃圾处理规模为 35t/d，是按照较正规的卫生垃圾填埋场标准建设的，投产使用后，对女儿河水源地起到足够的保护作用。该工程投资 1083.78 万元。

(8) 小坝沟清淤和污水截流管道工程。小坝河因常年垃圾堆积，河底淤积严重，水流不畅，致使大量工业污水直接补给地下水，给地下水造成严重污染。将河流清淤后，并在河道内修建了大型排污管道，将铁合金厂、钛业和钒业公司的工业污水直接引入小凌河截流管道，然后进入城市污水处理厂进行处理。该工程投资约 150 万元。该工程对南山水源地起到良好的保护作用。

综上所述，上述环保工程有效地改善了城市和农村的生态环境状况，使城市污水和垃圾得到安全处理，从而对地下水起到良好的保护作用。通过限采、引用地表水和截阻工程措施有效地控制了地下水超采和海水入侵，使地下水免受各种危害。

3.5　地下水的合理利用

根据水文地质学理论，在河流冲洪积扇地层赋存的地下水是水质最好、水量最丰富的。因此冲洪积扇地层都具有二元结构。所谓二元结构，是指具有细颗粒的盖层和隔水层，具有粗颗粒的含水层，当冲洪积扇规模大、厚度大、形成的时间长时，会出现多个含水层和隔水层的交替存在，且地下水有潜水、微承压水和承压水多种类型。一般情况下，冲洪积扇地层的地下水在黏土或亚黏土盖层的保护下是不易污染的，只有在盖层被破坏或利用不合理的情况下，受人为因素影响才会出现污染现象，正如该市当今对地下水的利用状态。

地下水的合理利用，简单地说就是在利用地下水的同时，要有对水质和水量的保护措施，不能因为对地下水的利用而对地下水的水量和水质造成侵害。针对该市冲洪积扇平原区和冲海积平原区地下水的赋存特征、含水层的结构特征、当地的地形地貌特征以及该市的人口和工农业发展情况提出以下几项对地下水合理利用的建议。

3.5.1 对地下水开采量的控制

水质优良的地下水，特别是对细菌和病毒严格控制的地下水，一般优先用于饮用水供应。世界上靠地下水为人类供水的城市很多，例如在第二章介绍的巴伐利亚州，几乎 95% 以上的饮用水由地下水供给，以及辽宁省的沈阳市等许多城市的饮用水 100% 全靠地下水供给。地下水为人类作出了很大贡献，为了使这种贡献能持续下去，人类也应懂得怎样去合理的利用它。地下水是可更新和再生的水资源，它接受降雨、融雪、地表水的补给，被使用掉的地下水又会重新生成，使含水层的水位得到恢复。这种现象是我们合理利用地下水的前提条件，那就是我们对地下水的使用量必须控制在补给量之内，否则含水层中的水储量就要亏空。如果长期超量开采地下水，地下水位得不到恢复，最后含水层枯竭，我们就没有地下水可用了，这方面例子在世界各地都有。

为了使地下水的使用量控制在补给量之内，我们必须对地下水的开采量采取控制措施，一般可采取以下几种措施达到合理的利用地下水。

（1）要详细测定地下水的补给量并限定地下水的开采量在补给量之内。地下水的补给量除降水量之外，还有地表水的河流入渗补给量，还有如该市农田灌溉渠道的入渗补给量，其他水文地质单元的地下水侧向补给量，在沿海地带还有潮汐海水的补给量。必须要准确确定这些补给量，一般要经过多年观测，测定出多年最大、平均和最小的补给量，最好要经实践验证。

表 3 – 5 中列出了大、小凌河冲洪积扇平原区的各种方式的地下水补给量，其中河流入渗补给量最大，为 31.63 万立方米/d，占总补给量的 37%；其次是大气降雨补给量，为 25.716 万立方米/d，占 29.3%；农田灌溉入渗补给量为 19.74 万立方米/d，占 21.44%；其他水文地质单元的侧向径流补给量为 10.77 万立方米/d，占 12.25%。这四种地下水的补给量的测定数据是否精确，应得到实践验证。特别是在水源地开采过程中，要测定地下水降落漏斗的发展情况，并要通过地区地下水位长期观测网观测地下水的动态，确定地下水动态的变化特征与水源地开采量的关系。

分析上述四种地下水的补给量得知，较有保障的是大气降雨和地下水侧向径流补给量，二者加在一起为 36.486m³/d，占总补给量的 41.55%。这两项补给量应是地下水水源地开采可动用的量。目前 7 个水源地的合计开采量为 22 万立方米/d（见表3-6），如按补给量评价，目前该市从饮用水开采角度对地下水的利用是合理的。

虽然河流入渗和农田灌溉入渗两项的补给量较大，占总补给量的50%以上，因为这两种是污水补给，对地下水水质有危害作用，因此开采地下水时要控制这两项的补给，特别是近河的水源地，地下水的开采漏斗不能扩展到河流，要严格控制污水的补给。

（2）要合理地控制开采井的降深。水源地开采量的控制可通过限定开采井的降深来实现，一般情况下水位降深越大井的涌水量就越大，理论上当降深达到含水层厚度的1/2时涌水量最大。在短期抽水时，降深可以达到最大。如果长期抽水时使降深达到最大，有可能对含水层的富水性造成侵害。原则上要限制降深过大。当前该市7个水源地开采井的降深S为1～3m，在个别情况下达到5m。很多开采井的降深都限定在1m，这是很合理的。对降深的限定不仅可以控制水源井的开采量，而且还能防止开采井的降落漏斗的扩展。如图3-3所示，当开采井的降深S=1m时，降落漏斗很小，距离河流很远，河水不会直接补给地下水。当开采井的降深S=5m时，降深的增大致使降落漏斗扩展到河流，使河流的污水直接补给地下水，最后导致水源地开采井的水质变坏，对饮用水造成很大影响。因此，对开采井降深的控制十分必要，不仅可以控制开采量，使地下水得到合理利用，还可以防止开采井的水被污染。

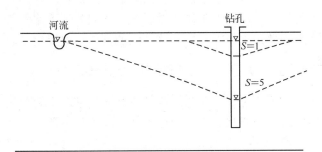

图3-3 开采井的降深值制约着降落漏斗的发展

3.5.2 要合理确定水源地的开采井位

根据冲洪积平原和冲海积平原的水文地质特征，在冲洪积扇前缘和冲海积平原会有咸水出现，另外在大、小凌河岸边会有污水的直接补给，在临近沿海又会受潮汐的影响，因此，水源地或开采井选址时都要避开这些不利因素。如果井位不利，受到这些因素影响，至少会引起开采井的水质咸化或污染。故在选择开采井位时要与这些不利因素保持一定的安全距离。根据水文地质条件，建议水源地或开采井应选在冲洪积扇的顶部或中上部，或向丘陵山区靠近，这些部位虽然水量较小，但水质比较好。尽量避免在冲洪积扇前缘和冲海积平原上布置开采井。因为井位会对水质和水量方面造成有利或不利的影响，所以井位的选择很重要，这也是对地下水合理利用的关键因素，希望当地水文地质工作者认真调查和测定各种水文地质因素，以及对地下水有影响的其他因素，为水源地选址和开采井位的确定提供准确参数。

3.5.3   地下水与地表水要搭配利用

城市的饮用水供应最好利用地下水，工农业用水在对水质要求不高的情况下尽量利用地表水，少使用地下水。在该地区，由于大、小凌河水污染严重，致使大量的地下水被工农业利用，特别是在农业中，打几百眼井无控制地利用地下水，这是极不合理的，要尽快控制住这种极不合理地利用地下水的方式。

为了利用地表水，有必要修建几座水库。水库不但可以储备水资源，还可以控制洪水。发生洪水时，水库对洪水的滞留和调节不仅可以减少灾害，而且可以储备大量的水，这些水可用于农业灌溉，由于它的水温比地下水的水温高，有利于植物生长。

3.6   地下水的保护

本书的第2.6节专门谈到了巴伐利亚州的地下水保护工作，对巴伐利亚州那么好的地下水，仍然有许多保护工作要做。况且我们的地下水污染这么严重，该怎样去开展地下水的保护工作呢？针对该地区的具体情况提出了以下工作建议。

3.6.1   加强城市污水处理厂的建设可避免污水污染地下水

城市生活污水和工业污水的任意排放是地表水污染的主要原因，在中国不仅是该地区，其他城市也是如此。污水处理率低，环境污染严重，是城市和工农业发展一大障碍。进入21世纪有些好转，许多城市都着手城市污水处理厂的建设，该地区也有了这方面的规划，但是还不能实现全面覆盖的控制污染。城市污水处理方面，达标排放这是一个长期而艰巨的任务。尽管这样，针对该市地下水保护工作在短期内尽快达到，该市政府特别重视，力争在30年内，也就是本世纪中期，该市的污水处理率达到90%以上，地下水的水质明显会好转，使我们子孙喝上干净的地下水。

为了保护地下水，污水处理厂的建设与污水的达标排放是最重要且必须完成的任务。

3.6.2   地下水水源地必须要利用保护带的保护

1999年，由该市环境保护科学研究所和中国环境科学研究院合作提交的

《该市地下水水源地保护带合理划分与污染控制技术研究》报告中对水源地的保护提出了具体方法和很好的建议，并提出了水源地各保护带合理划分的理论依据。其中，水源地保护的动力学原则是，根据地下水水源地的动力学特征，按流场的给水边界确定出水源地保护带Ⅲ带的边界，一般要按地下水域的分水岭或地下水定水头补给边界（见图3-3和图3-4）来确定。

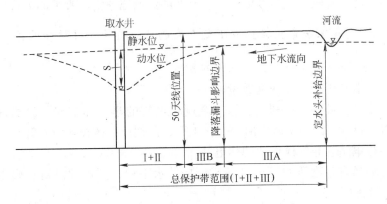

图3-4　地下水水源地三带边界的确定

　　细菌学原则主要是地下水水源地Ⅱ带划分的依据。Ⅱ带的划分是为了保证水源地各开采井在开采过程中免受细菌和微生物的侵害，以保障水源井的水质符合卫生标准。一般情况下，细菌和病毒在地下水中比在地表水的存活期长，病毒的存活期又比细菌长。所以，制约细菌和病毒存活期的主要因素是地下水的水温和流速。许多研究表明，沙氏杆菌在水中的存活期比一般病原菌略长，存活期在44~50天。可以建立一个50天线原则来确定Ⅱ带的保护范围，其含义是，保证在最短滞后时间内，细菌和病毒能自行消除和死亡，从而使开采出来的地下水符合卫生标准。Ⅱ带的确定如图3-5所示。

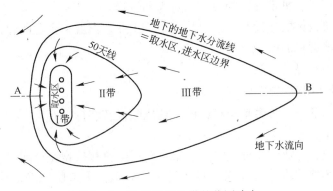

图3-5　50天线即Ⅱ带的范围确定

3.6.2.1　地下水水源地保护带的实际确定

该地区冲洪积扇平原区现有水源地 7 座，Ⅰ带由每个水源地各自确定，Ⅱ带可由水源地按 50 天线计算各自确定。Ⅲ带可按大、小凌河的流域范围确定。即各个水源地的Ⅲ带都是一致的，因为这 7 个水源地，或将来又有新的水源地投产，也都在这个流域内。故可按大、小凌河的流域边界给出Ⅲ带的标志。

3.6.2.2　各保护带应禁止或限制存在的危险行为、过程和设施

A　禁止或限制在ⅢA带存在的危险

（1）工业和手工业作业区或设施。

（2）生产、处理、再利用、加工企业和设施的建设和扩建；放射性或难溶的危险物质制造厂，如炼油、冶金、化工厂、制剂厂；核技术设施等。

（3）热电站、非气体作业的热电站。

（4）输送有害物质的管道设备，包括排水工程、雨水溢洪道、雨水净化池以及废水净化厂。

（5）废物处理厂、垃圾填埋场、焚烧厂以及固体废物堆放场。

（6）肥料堆放场、污灌、过量的施肥和喷洒农药。

（7）土方开挖工程，如采砂、采土。

B　禁止或限制在ⅢB带存在的危险

（1）禁止在ⅢA带存在和限制的所有设施、行为和过程。

（2）带有对水有害的物质的周围环境。

（3）排水渠道，特别是无密封设施的废水排水渠道和排水沟。

（4）废物输送站和中间存放场。

（5）水域的建设和翻修，如鱼塘或水塘的建设。

C　禁止和限制在Ⅱ带存在的危险

（1）包括所有Ⅲ带存在的设施、行为和过程。

（2）建筑设施的建设和改建，特别是手工业、农业、企业的建设和使用。

（3）经济肥料的使用。

（4）废水疏导和污灌。

D　禁止和限制在Ⅰ带存在的危险

（1）包括Ⅱ带、Ⅲ带禁止存在的一切危险设施和行为。

（2）行车和步行道路。

（3）农业、林业和园林建设用地禁止使用肥料和植物保护剂。

（4）水源地的建设和设施应有如下保护措施：Ⅰ带所属地产应归供水企业所有，并用绿地覆盖，用围墙和篱笆与外界隔离。水厂的生产、维修和其他行为

应确保地下水不会受到危害。水厂作业车间的废水、洗涤设备和工作人员产生的污水要实现安全排放。

3.6.3 地下水含水层上覆盖层的保护作用

3.6.3.1 覆盖层的保护效应

德国巴伐利亚州特别重视上覆盖层对地下水的保护作用，当地下水埋藏较深时，覆盖层的厚度较大。例如，该地区的冲洪积扇平原区上覆黏土覆盖层厚达3～5m或5～10m，地下水位一般在5m以下。这种厚度较大的覆盖层抗污染能力强，所以，虽然该市地下水水源地环境污染严重，地下水水质恶化，但仍没有严重超标，这充分显示出覆盖层对地下水的保护效应。

含水层覆盖层在水文地质学里称为包气带，它对地下水的保护作用十分重要。一般包气带的厚度越大、颗粒越细，其抗污染能力越强。因此，研究含水层包气带的结构、物质组成、颗粒成分及颗粒级配、包气带的厚度变化对地下水的保护有重要意义。在以往的地下水勘探中忽视了对包气带的研究，甚至在研究程度很高的地下水开采区，也很难找到有关包气带的详细资料。所以，作出包气带对污染抵抗能力的评价，或者大致掌握污染物在包气带的扩散、运移规律方面的资料和参数更难。为了更好地保护地下水，必须加强对包气带的研究工作。

建议对覆盖层厚度进行调查，调查范围应是整个Ⅲ带的保护范围，在范围内要圈定出小于2.0m厚的覆盖层，并要在地面上作出标记，采取特殊的保护措施。

3.6.3.2 覆盖层保护程度的确定

由沉积岩特别是第四系松散岩层组成的覆盖层会对含水层起到良好的保护作用。德国学者通过试验研究，给出根据保护程度指数 I（见表3-14）和单层厚度来确定单层保护作用和总保护作用的方法。

表3-14　覆盖层不同岩性的保护程度指数 I 值

覆盖层岩性	I 值	覆盖层岩性	I 值
黏性土	0.5	粗砂	0.07
砂土、亚砂土	0.4	砂砾石	0.08
粉土	0.37～0.22	细至中砾、多砂	0.04
细至中砂	0.17	中至粗砾	0.03
中至粗砂	0.1	岩石、少砾和砂	0.02

总保护作用可按下列公式计算：

$$Ld = h_1 I_1 + h_2 I_2 + h_3 I_3 + \cdots + h_n I_n$$

式中 h_1，h_2，h_3，$\cdots$，h_n——每个单层厚度；

　　　　I_1，I_2，I_3，$\cdots$，I_n——单层保护程度指数。

当 $Ld=1$ 或 $Ld>1$ 时，覆盖层具有较强的保护作用，水源地可缩小Ⅱ带的范围甚至不设立Ⅱ带保护带；当 $Ld<1$ 时，Ⅱ带应按 50 天线来确定。

从表 3-14 可以看到，当覆盖层（包气带）有 2m 以上厚度的黏土层时，具有良好的保护作用，或 Ld 分值较大时，覆盖层的抗污染能力更强。

3.6.3.3 含水层本身的防污性能

不同地质结构的含水层防污性能不同，防污性能取决于含水层的岩性、厚度、含水层类型（潜水含水层或承压水含水层）、地下水的埋深、隔水层的岩性和厚度等。含水层的防污能力实际上就是含水层的自净能力。对于短时的轻微污染，在含水层的自净能力下，地下水可免受污染，或在短时污染后，会在自净能力下慢慢恢复。对含水层防污染能力的研究，可以对地下水的污染作出正确的评价。

综上所述，根据巴伐利亚州的经验，含水层上覆盖层对地下水的保护有极大作用。特别是在一定厚度的黏土层或泥岩层的保护下，一般含水层可免受污染，或只是局部污染（因盖层被破坏或揭掉）。在这种情况下，首要任务是对覆盖层的保护，防止覆盖层的污染。该地区农田污灌渠道网的建设，是对覆盖层的直接污染和破坏，将来一定要避免这样的做法，并要尽快修复。

3.6.4 对农业污染控制来保护地下水

在该市农业污染的解决是地下水保护中最大、最困难的问题，在这方面应借鉴巴伐利亚州的经验。2000 年，德国的 L. Krapp 教授考察该市地下水水源地时提出："建议农民改变他们当前的耕作方法，少用肥料和农药，靠土地的自然肥力来经营畜牧业。市政府应支持农民发展这种很实用的生态农业结构，例如对最低产量给一定财政补贴，或为乡镇的生态产品建立一个交易市场，让市民们到乡下买生态产品。这会对地下水保护问题的解决作出很大的贡献。"

大、小凌河冲洪积扇的平原区是生产粮食的好农田，因此农业利用和地下水的保护有着尖锐的矛盾。应该怎样解决这个问题？要像巴伐利亚州那样建设生态农业，既解决了农民的问题，也解决了地下水的保护问题。

在第二章巴伐利亚州地下水"长期艰难的治理道路——与农业的合作"这部分内容中，专门谈到怎样解决农业施肥和农药对地下水的污染。我想这就是将来中国解决农业污染问题也要走的道路。

3.6.5 防止海水入侵来保护地下水

在 L. Krapp 考察报告里也特别强调了海水入侵问题，由于地理位置临近辽东湾，在冲海积平原区就有含盐高的咸水含水层，地下水水源地不合理的开采导致该地区出现了海水入侵。据资料记载，自 1994 年以来海水入侵以 20m/a 的速度向海岸推进，这将会导致地下水水质恶化、水量减少。据经验，淡水水位每下降1m 可导致咸淡水界面上升 40m。

应通过控制地下水的开采量和降深来解决海水入侵问题。海水入侵在该市地下水保护中是一个特殊情况，在渤海湾地区开采地下水时也要十分注意这个问题。应对海水入侵，要确定出合理开采地下水的方案，并设立长期地下水观测站，密切关注海水入侵现象。

3.6.6 节约用水

在 L. Krapp 报告中也提到了节约用水的问题，他说："如果公民们每天每人能节约 1L 水，那么每天就会少开采 1000m³ 的地下水。如果手工业和工业能为自己创造可持续的经营条件，那就是要适当的节约用水，采取循环再利用和废水净化制度，这些费用必须要计入生产预算中。"

节约用水对地下水的保护起到很重要的作用，是不可忽视的保护措施。节约用水不仅节省了纯净水，而且还减少了废水。节约用水不仅是每个公民的大事，也是农业、工业、手工业等各行各业都要做到的。节约用水应养成习惯，成为行业制度。能做到节约用水，就是对水资源或地下水保护的最好的表现。通过节约用水来保护地下水是长期的任务，要永远提倡下去。

4 中国西部干旱地区的地下水

嘉峪关地区是中国西部干旱地区之一，这里降雨量少，风沙大，气候干旱，是缺雨少水的地方。但是这里地下水特别丰富，水量足且水质好。这里存在着酒泉西和酒泉东两个地下水库，赋存着丰富的地下水，地下水的主要来源是祁连山高山雪域的融雪和融冰。区内的北大河发源于祁连山雪域，它把祁连山的融雪和融冰水源源不断地带到嘉峪关地区，补给酒泉西和酒泉东两个盆地的地下水。

地下水的补给来源充沛，据勘探资料证实，酒泉西盆地地下水的总补给量达 2.437 亿立方米/a（7.728m³/s），酒泉东盆地的地下水补给量更大，达 4.721 亿立方米/a（14.971m³/s），几乎比酒泉西盆地多一倍。两个盆地的地下水补给量共达 7.158 亿立方米/a（22.7m³/s），相当于区内北大河的年平均流量。

当前嘉峪关地区的地下水除城市饮用水供应外，主要用于酒泉钢铁公司的生产和生活用水，用水量约为补给量的1/5。在酒钢的长远规划中，到2030年用水量将达到补给量的1/2，这样酒泉西盆地的地下水将要被酒钢独吞。针对缺水如油的大西北，怎样才能合理利用水量丰富水质又好的地下水？又怎样才能达到可持续的保护？这是值得深思和深入研究的大课题。本文提出的远程供水方式值得国家的区域发展规划借鉴，要从城市居民的饮用水供应、经济发展中水资源的应急备用等多方面考虑。

大西北地区有这么珍贵的地下水宝藏，一定要把它用在刀刃上，达到真正合理的利用，并且要实现可持续的保护，为子孙后代造福。

4.1 嘉峪关地区自然地理条件

嘉峪关地区地处我国西北河西走廊西部，位于祁连山中北部的戈壁平原上。河西走廊属温带、暖温带干旱大陆性气候。

4.1.1 地形地貌条件

嘉峪关地区位于酒泉西盆地东段，东部为嘉峪关大断层，西南为戈壁平原，南部为文殊山北麓，北部和东北部为黑山南麓与嘉峪关断层高台地，中心地带为较平坦的戈壁平原。

区内地形起伏较大,南部文殊山最高标高为2227m,北部黑山和中部鳖盖山标高也都在2000m以上,中部平原地区地形较平坦,标高为1700~1850m。总的地势为西南高东北低,成扇形由西南向东北收敛,坡降为10‰~20‰。

本区文殊山北麓、黑山南麓和嘉峪关高台地属剥蚀堆积地形,地貌形态为较缓起伏的低山丘陵,山体浑圆,切割微弱,沟谷不发育,岩漠和砾漠景观十分明显。地形标高多为1750~2000m,比高为50~100m,最高点为文殊山北麓,达2050m。

北大河流域为"箱"形河谷地貌,切割深度达30~60m,谷宽85~120m,从上游至下游逐渐变宽,河床两岸发育2~4级基座阶地。

4.1.2 地表水系

区域内主要的地表水系为北大河和白榴河流域。下面分别叙述这两大水系的水文特征。

4.1.2.1 北大河水系

北大河水系发源于南部祁连山区高山雪域,基本上由南向北自源区沿北西流经讨赖川和讨赖峡,自冰沟口出山后折向东北在北大桥流出区外,进入北部黑河流域,故北大河也属于黑河流域水系。

北大河为常年性河流,在冰沟口以上的集水面积为6883km²。上游基本不受人类活动影响,因此冰沟口的径流量可以代表北大河出山前的天然径流量。据冰沟水文站1953年的观测资料,将北大河和白杨河的径流特征数据列入表4-1。用矩法初估参数等方法求得北大河多年平均径流量为20.27m³/s(6.39亿立方米/a),径流模数为2.94491s·km²,径流深度为92.87mm,$C_v = 0.198$,$C_s = 2C_v$。据2000年的观测资料,北大河出山径流量为6.72亿立方米/a(21.32m³/s),属平水偏丰水年($p = 48\%$)。

表4-1 北大河和白杨河出山径流变化特征统计

径流特征\河流	最 大			最 小			平 均		C_v	C_s	保证率 p/%			
											25	50	75	95
	流量	径流量	年份	流量	径流量	年份	流量	径流量			径流量			
北大河	36.2	11.4	1952	14.7	4.64	1948	20.27	6.39	0.198	2.0	7.38	6.32	5.47	4.42
白杨河	1.88	0.59	1958	0.37	1.16	1971	1.48	0.47	0.209	2.0	0.53	0.47	0.39	0.35

注:流量单位:m³/s;径流量单位:亿立方米/a。

因受上游径流补给条件的影响和支配,北大河出山径流量变化比较稳定,但仍呈现季节性的变化规律。一般冬末春初河流部分冰封，河流仅靠地下水补给，是河流的枯水期；3 月份以后，随着气温的升高，出现融雪和解冻，径流量逐渐增大；夏秋两季是祁连山降水量集中的季节，也是北大河径流量最大的时期；10 月份以后，气温降低，降水量减少，径流量也随之减少。6～9 月份汛期的径流量占年径流量的 55.7%，其中 7 月份占 18.72%。其余 8 个月的径流量较均匀，约占年径流量的 4.82%～6.90%（见图 4-1）。

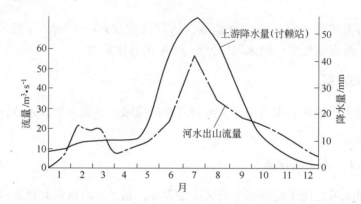

图 4-1　北大河出山逐月径流（冰沟站）过程曲线（2000 年）

据统计资料分析可知，平水年北大河流量的组成中，冰川融水占 12.7%，高山积雪融水占 11.8%，降雨汇入占 35.9%，地下水补给占 39.6%。属降雨、融雪和地下水混合补给类型的河流，所占比例皆为 1/3。

以十年为一代表段进行统计分析，20 世纪 50 年代为水量偏丰年，60～70 年代总体上水量偏枯，80～90 年代为平水年。按此规律进行推测，在今后若干年内，随着天气变化，祁连山区中西部降水量增加，北大河出山径流变化将以平水偏丰为主。

根据北大河出山径流的多年变化规律（见图 4-2），采用谐波分析和方差分

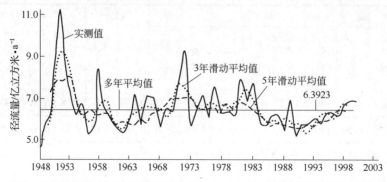

图 4-2　北大河历年径流量（冰沟站）与 3 年、5 年滑动平均径流量曲线

析方法，得出北大河出山径流周期预测结果，在 0.05 ~ 0.10 的显著水平下，北大河冰沟多年径流时间存在 2 ~ 3 年和 6 ~ 7 年短期的、13 ~ 16 年和 20 ~ 22 年中短期的变化规律，与河西走廊其他河流径流周期变化规律吻合。

嘉峪关市环保局多年动态监测资料表明，北大河嘉峪关段水质出现超标的项目有 pH 值、高锰酸钾指数和生化需氧量。其他项目均符合《地表水环境质量标准》Ⅱ类标准，适用于饮用水和工业用水，水化学类型为 $HCO_3 - Ca \cdot Mg$ 型，矿化度小于 0.3g/L。

4.1.2.2 白杨河水系

白杨河与北大河一样发源于南部祁连山区高山雪域，白杨河属疏勒河流域水系，也是汇入酒泉西盆地的主要河流。白杨河源头的各支流呈扇形分布，于红石嘴附道汇流后向北流入水库，上游集水面积为 741km^2，天生桥水文站测定的流量代表白杨河出山前的天然径流。据天生桥水文站 22 年的观测资料统计，白杨河多年平均径流特征值见表 4 - 1，其多年平均流量为 1.48m^3/s，径流深度为 63.18mm。2000 年，白杨河丰水量为 0.47 亿立方米/a (1.49m^3/s)，其中流入酒泉西盆地的水量约为 840 万立方米。

白杨河的水质达到了Ⅱ类水质标准，适合饮用水和工业用水，水质类型与北大河基本相同。

4.1.3 气象条件

嘉峪关地区深居内陆，远离海洋，属河西冷温带干旱气候。据当地各气象站的气象资料，该地区年平均气温 7.0 ~ 8.1℃，最低温度 - 3.6℃；多年平均降水量 85.4 ~ 181.8mm，多集中于 6 ~ 8 月三个月，占全年降水量的 59.3% ~ 62.2%，其余 9 个月的降水量占全年降水量的 37.8% ~ 40.7%；多年平均蒸发量 1175.8 ~ 2205.4mm，集中在 5 ~ 8 月四个月，占全年蒸发量的 55.6% ~ 56.7%，其余 8 个月蒸发量占全年的 43.3% ~ 44.4%；多年平均相对湿度 42% ~ 46%；盛行西北风，多年平均风速 2.3 ~ 3.2m/s。

该区域随着海拔增高，降雨量明显增加，气温和蒸发量与之相反。各气象要素的逐月变化如图 4 - 3 所示。

4.2 区域地质与水文地质条件

嘉峪关地区的地质与水文地质条件研究程度较高，地下水开发利用的研究程度也较高。随着酒泉钢铁公司的建设和发展，自 1958 年起嘉峪关地区地质和水文地质勘查工作的工作量及提交的成果见表 4 - 2。据多次勘探工作证实，该地区的地质和水文地质条件已十分清楚，在 2003 年勘查中提出的地下水资源的允许开采量应该得到合理确认。

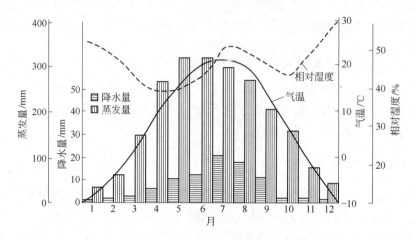

图 4 – 3   嘉峪关市区域多年平均气象要素图

表 4 – 2   嘉峪关地区以往地质与水文地质勘查工作

序号	时间	勘查目标	勘查单位	勘查范围	勘查内容	提交的成果与资源量级别
1	1958 年	酒钢供水水源勘查	地质部水文与工程地质局河西大队	西至大草滩边缘，东至酒泉以东 5km，南抵文殊山，北到北山边缘	1：50000 与 1：100000 综合地质与水文地质测绘、物探与稳定流抽水试验	搞清了勘查区第四系地层层序，查清了含水层及富水性特征，资源量级别为 C + D 级
2	1965 ~ 1966 年	为酒钢供水进行勘查	地质部水文与工程地质局第三大队	酒泉西盆地东北段	进行 1：25000 水源地详细勘查	完成水文地质调查面积 2062km^2，物探电测深物理点 308 个，勘探孔 94 个，抽水试验，动态观测，水土样采集等。查明供水量为 4.0m^3/s，资源量为 B 级
3	1981 年	对酒钢西盆地地下水资源评价	甘肃地质工程勘察院	酒泉西盆地	1：200000 综合水文地质调查	编制了《酒泉幅（10 – 47 – Ⅲ）1：200000 综合水文地质图及说明书》，资源级别为 C + D 级

序号	时间	勘查目标	勘查单位	勘查范围	勘查内容	提交的成果与资源量级别
4	1988年	施工大口径20mm，供水井5眼	甘肃地质工程勘察院	北大河北岸北大桥至天下第一墩	单孔稳定流抽水试验	编写了《甘肃省嘉峪关市北大河水源的供水简报》，资源量为C+D级
5	1993年	对嘉峪关市水资源与利用现状调查	甘肃地质工程勘察院	对全市水资源进行调查	对全市水资源特别是地下水资源的合理利用、供需平衡进行分析论证	编写了《甘肃省嘉峪关市水资源开发利用现状评价报告》，资源量为C+D级
6	1994年	对地下水资源评价	甘肃地质工程勘察院	北大河以北，兰新铁路以西，鳌盖山以南，古长城以东	对北大河水源地开采量10万立方米/d的地下水量进行论证	编写了《北大河水源地地下水资源评价报告》，资源量为C级
7	1996~1997年	对北大河水源开发为目的的水文地质测绘	甘肃地质工程勘察院	北大河水源及周围	1:10000水文地质测绘、物探、采水、土样、施工供水井10眼、抽水试验孔3个、动态长期观测	对北大河水源10万立方米/d供水量进行了评价，编写了《酒钢北大河水源地勘探报告》，资源量为C+B级
8	2001年	对双泉水源地截引改扩建工程可行性论证	甘肃地质工程勘察院	双泉水源地地区	计算了水源地的地下补给资源、泉水资源和储存资源	提交了《双泉水源地地下水截引扩建工程初步设计报告》，资源量为C+B级
9	2003年	对酒钢水源地供水量和保证程度重新评价	甘肃省地勘局水文与工程地质勘察院	东起双泉及嘉峪关大断层，西至黑山湖以西，南北介于文殊山和黑山之间	1:10000水文地质测绘达250km²、物探和抽水试验5组，水质分析、动态观测和收集以往勘探资料	提交《水源地地下水资源勘查评价报告》，经评审确定地下水资源允许开采量为27.65×10⁴m³/d（3.2m³/s），满足B级精度要求

4.2.1　区域地质条件

嘉峪关区域是地质构造运动形成的较完整的盆地地形，东起嘉峪关大断层至文殊山东端，西到白杨河至新民堡，北至北山南麓，南抵祁连山，盆地中间有北大河和洪水河的冲积洪积倾斜平原，基底岩层褶皱平缓，盆地基底为南倾的单斜构造，盆地呈东西延伸，长约50km，南北宽约40km，面积达2000km²，是一个封闭的良好的地下水盆地。

4.2.1.1　区域地层

嘉峪关盆地区域地层出露不全，基岩仅有奥陶系（O）、白垩系（K）和第三系（N）地层，第四系（Q）地层广泛出露，厚度变化较大，为40~300m，由南西向北和北东变薄。

（1）奥陶系（O）。分布于黑山南麓，为泥质至粉砂质板岩和中酸性火山岩夹砂岩及大理岩，有少量砂岩，岩相在空间上变化较大。

（2）白垩系（K）。分布于大草滩至鳖盖山一带，上覆第四系或第三系地层，主要岩性为绿色、黄绿色和棕红色等杂色的砾岩、砂质泥岩、页岩和砂岩的互层，总厚度达1000多米。

（3）第三系（N）。第三系地层普遍分布于第四系地层之下，主要由泥岩和泥质页岩组成，厚度可达上千米。

（4）第四系（Q）。

1）下更新统（Q_1）玉门组，见于文殊山北麓，属于冰水沉积和洪积相堆积物，岩性多为泥钙质半胶结砾岩和砂砾岩，构成盆地基底。

2）中上更新统（Q_{2+3}）酒泉组，广泛分布于嘉峪关盆地内部，属于冲洪积相堆积物，是盆地内地下水的主要赋存介质，分为上下两层。上层为松散的卵石、碎砾和圆砾，厚度为10~65m，主要分布于古河道。下部为局部块状泥钙质微胶结或半胶结的卵石、圆砾和砾砂，颗粒较细，略微可见水平和斜层理，埋藏于戈壁平原下部。岩性主要以砂岩、灰岩为主，石英岩和花岗岩次之，粒径大者为20~100mm，总厚度达40~200m。

3）全新统（Q_4），以冲洪积和洪积相松散堆积物为主，零星分布于现代河床和冲沟中，岩性以卵石、圆砾、碎石和砾砂为主，厚度一般小于10m。

4.2.1.2　区域地质构造

区域大地构造属于北祁连边缘凹陷带，北为黑山隆起，东为嘉峪关断层翘起，东南部为文殊山褶皱，中部即为嘉峪关盆地。这些新构造运动对嘉峪关盆地地下水的形成、运移和赋存起到控制作用。

区域主要的地质构造有黑山隆起带、嘉峪关大断层、南倾单斜带、中央凹陷带、前山褶皱带、祁连山褶皱带（见图4-4）等。

（1）黑山隆起带。黑山隆起带和嘉峪关断层翘起形成的高台地一起迫使当时处于漫流状态的北大河由北向南改道，逐步由水关峡、黑山湖、二草滩、大草滩水库、大草滩车站和嘉峪关归流于现在的北大河地段，在这些地带形成多个古河谷，形成富水丰富的含水层。

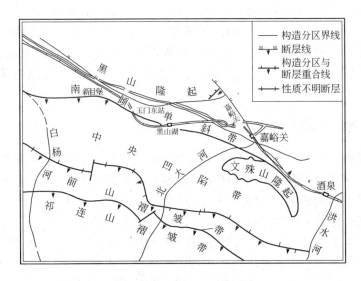

图 4 - 4 嘉峪关盆地构造地质示意图

（2）嘉峪关大断层。嘉峪关大断层是一条长期处于间歇性活动的老断层，产生于白垩系之前，在第三系活动最强烈，并延续至第四系，总断距达 1200 ~ 1400m。该断层以不断扩大断距为活动特点，仅第四系活动断距就达 450 ~ 500m（见图 4 - 5）。断层性质为高角度逆冲断层，长达 30km，走向 NW35°，倾向 SW，倾角 73° ~ 78°。

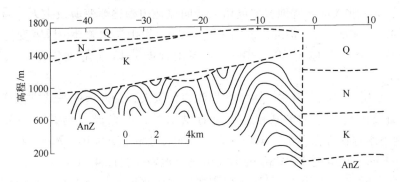

图 4 - 5 嘉峪关断层地震地质剖面

该断层东侧（下盘）为戈壁平原（酒泉东盆地），西侧（上盘）为断层翘起形成的高台地。嘉峪关断层复活翘起和文殊山的上升，不仅塑造了酒泉西盆地的东部和东南部边界，而且抬高了西盆地的地下水水位，在断层带上形成地下水位落差达 150 ~ 200m 的地下水瀑布。

在嘉峪关大断层的作用下，酒泉西盆地地下水位埋深很小，为几米到几十米，易受大气降雨、河流入渗和融雪的补给，使酒泉西盆地成为富水的地下水盆地。在该断层的东侧（下盘）的酒泉东盆地，沉降作用使该盆地内第四系沉积层增厚，含水层向深部沉降，地下水的埋深增大至百米以下，甚至达 200m 深才有地下水。因此，该断层两侧含水层的富水性差别很大，水文地质条件有很大不同。

4.2.2　区域水文地质条件

嘉峪关地区赋存两个地下水盆地，以嘉峪关大断层为界分为酒泉西盆地（嘉峪关盆地）和酒泉东盆地。两个地下水盆地的地下水赋存条件和地下水特征基本相同，其最大差别是地下水的埋深。断层上盘（嘉峪关盆地）地下水位埋深浅，越接近断层处地下水位埋深越浅，甚至以泉的形式出露于地表。由于地下水的水位埋深浅对补给条件有利，使得含水层的富水能力和水资源量都较大。在断层下盘的酒泉东盆地，由于受地质构造控制，致使地下水位埋藏很深，达百米以下，甚至达 200m 以下。因此地下水的补给条件不好，地下水资源量有限，而且地下水的开采利用也比较困难。

4.2.2.1　含水层与隔水层的分布特征

嘉峪关区域按地层和岩性特征大致可以划分 3 个含水层，分别为：

（1）第四系松散岩类孔隙含水层。该含水层主要由第四系中、上更新统的卵石、圆砾、砾砂等组成，广泛分布于嘉峪关盆地。含水层厚度变化很大，在盆地中心部位和北大河河谷地段厚度增大，向盆地边缘逐渐变薄或尖灭。厚度变化一般为 40 ~ 160m。北大河北岸较厚处达 140m；黑山湖水源地带厚度变化为 40 ~ 120m；嘉峪关水源地为 30 ~ 80m；北部山前与古阶地附近较薄，一般小于 20 ~ 30m。

该含水层主要赋存潜水，潜水的埋深变化很大，由西南向东北方向变浅，至嘉峪关断层附近以泉的形式出露，是有供水意义的泉群（例如嘉峪关泉和双泉）。地下水埋深在西南部达 100m 以下，向东北部渐变为 10 ~ 20m，在水关峡一带为 5 ~ 10m，甚至更浅，以泉的形式出露于地表（见图 4 - 6）。

该含水层富水性很强，是区域内主要供水含水层。在地下水盆地内按其单井涌水量大小划分为 4 个富水区等级，分布范围如图 4 - 7 所示。

1）极强富水区：单井涌水量大于 10000m³/d，主要分布在酒泉西盆地中部，北大河以北地区。

2）强富水区：单井涌水量为 5000 ~ 10000m³/d，主要分布在北大河河谷地区。

3）中等富水区：单井涌水量为 2000 ~ 5000m³/d，主要分布于水关峡、大草

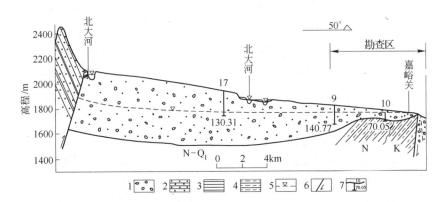

图 4-6 嘉峪关盆地（酒泉西盆地）水文地质剖面图

滩、鳘盖山一带。

4）富水区：单井涌水量小于2000m³/d，主要分布于山前和第四系地层较薄的沟谷区。（上述提到的单井涌水量是采用8″滤水管在降深5m时的抽水涌水量）

（2）碎屑岩类孔隙裂隙含水层。该含水层岩性主要由白垩系和第四系下更新统的砾岩和砂岩组成，主要分布在文殊山和鳘盖山一带，含水层厚度不大。涌水量较小，单井涌水量一般小于100m³/d。地下水水质较差，水质类型为$SO_4 - Cl - Mg - Na$型。矿化度较高，一般为1~3g/L。该含水层无供水意义。

（3）基岩裂隙含水层。该含水层岩性主要由奥陶系的变质岩和碎屑岩组成，主要分布在黑山山区。涌水量较小，一般为100~200m³/d。矿化度较高，为1.1~2.6g/L。水化学类型为$SO_4 - Cl - Mg - Na$型。该含水层也无供水意义。

在以上3个含水层中，只有第四系松散岩孔隙含水层有供水意义，是地区饮用水、工业用水和农业用水最重要的水源。

嘉峪关地下水盆地的隔水层主要是第三系泥岩层和白垩系的泥页岩层，在第四系地层的含水层中没有成层的隔水层，只在局部存在不连续的黏土或淤泥透镜体，不起隔水作用。因此，此盆地的地下水类型基本为潜水。只在黑山湖砖厂、大草滩、二草滩和嘉峪关古河道局部地段，由于地层变化复杂而存在承压水。

4.2.2.2 地下水的形成条件

嘉峪关盆地的地下水形成条件受区域地质和地质构造，以及自然地理和气候条件的控制。这些条件决定了地下水的补径排条件。

（1）地下水的补给条件。嘉峪关盆地的地下水补给来源主要有以下三种形式：

1）河流入渗补给。河流入渗补给主要来源于北大河、白杨河、山前的溪沟和小河的出山径流的垂向渗漏。其中北大河和白杨河的入渗补给量为1.302亿立方米/a（4.128m³/s），占总补给量的 53.4%；南部山区沟谷入渗补给量为 994.917 万立方米/a（0.315m³/s），占 4.1%。这两项入渗补给量共占 57.5%。

2）南部山区基岩裂隙水的侧向补给和深层基岩承压水的顶托补给。山区补给主要来自南部的祁连山融雪和白垩系地层的基岩承压水，这方面的补给量达 1.036 亿立方米/a（3.285m³/s），占总补给量的 42.50%。

以上两项酒泉西盆地地下水的总补给量达 2.437 亿立方米/a（7.728m³/s）。除此之外，还有雨季的降雨补给和其他方式的零星补给。

上述提到的主要是酒泉西盆地（嘉峪关盆地）地下水的补给来源。另据有关资料介绍，酒泉东盆地（酒泉盆地）的地下水补给来源和补给量由以下几项组成。

① 西部和西南部地下水的径流补给。其中酒泉盆地和由北大河入渗的地下水径流补给量达 6.914m³/s，南部山区地下水径流的侧向补给和洪水河及农灌渠系入渗补给量达 5.216m³/s，总计为 12.13m³/s。

② 渠系和田间入渗补给量（主要在新城、酒泉和总寨一带）约为 0.828m³/s。

③ 大气降水入渗。虽然该地区降水量很小，但在盆地边缘，地下水埋深小于 5m 的地带容易接受大气降水的补给，经测定约为 0.986m³/s。

④ 深部基岩裂隙水侧向和顶托补给约为 1.027m³/s。

总之，以上 4 部分补给来源的总量达 14.971m³/s（4.721 亿立方米/a）。如果该数据真实可靠，并且目前这部分地下水资源仍没有（或基本没有）开发，它们是很可观的后备储存水资源，这种情况对西北经济的发展有重大意义。

通过以上对嘉峪关地区的地下水盆地（酒泉西和酒泉东盆地）的地下水补给量的统计，地下水的总补给量已达到 7.158 亿立方米/a（22.7m³/s），是中国西北干旱地区最珍贵的水资源。

(2)地下水的径流条件。盆地区域地下水总的径流方向由西向东，基本与盆地内的河流流向平行，局部流向有改变。西部白杨河东侧和东北部水关峡、二草滩、大草滩、嘉峪关等沟谷内的地下水自南西向北东运移，北大河干流地段自西向东运移，水力坡度较小，为 1‰以下，最大为 25‰，一般为 2‰~11‰，总趋势为西缓东陡。大部分地下水会越过嘉峪关大断层补给酒泉东盆地（见图 4-7）。

(3) 盆地内地下水的排泄条件。地下水的排泄形式有侧向流出、人工开采和泉水溢出。评价区地下水的总排泄量为 2.579 亿立方米/a（8.178m³/s），基本与补给量相持平。总排泄量中侧向流出量为 1.667 亿立方米/a（5.286m³/s），占 64.6%；地下水开采量为 0.460 亿立方米/a（1.459m³/s），占 17.9%；泉水溢出量为 0.452 亿立方米/a（1.433m³/s），占 17.5%。

如果没有计算误差，人工开采就是其排泄量超出补给量的原因。暂时的不平衡是容许的，在丰水年会补偿回来，不至于因地下水位下降造成不可逆的后果。

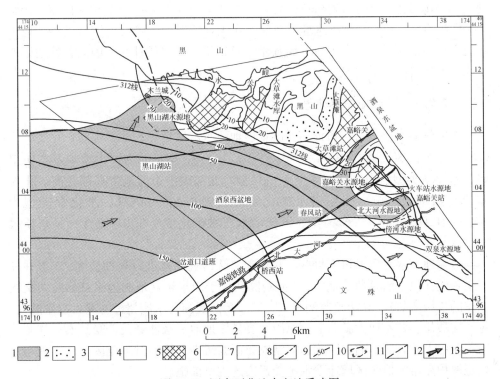

图 4 - 7　酒泉西盆地水文地质略图

1—单井涌水量 >10000m³/d；2—单井涌水量 5000～10000m³/d；3—单井涌水量 2000～5000m³/d；

4—单井涌水量 <2000m³/d；5—第四系透水不含水地段；6—碎屑岩类裂隙孔隙水；

7—基岩裂隙水；8—富水性界线；9—地下水水位埋深等值线（m）；10—水源地范围；

11—隐伏断层；12—地下水流向；13—河流及流向

4.2.2.3　区域地下水的动态特征

嘉峪关盆地区域地下水动态主要受区域地下水径流、补给和人工开采量的控制，大气降雨的变化对其似乎无显著影响。

经地下水动态长期观测表明，1966 年以前，地下水的补给量与排泄量持平。1967 年以后，随着嘉峪关和黑山湖水源地的开采，出现了一定范围的降落漏斗，地下水位的下降速度达 0.12～0.46m/a，1996～1998 年达最低值时，累计下降 2～5m。但北大河水源地投产后，水位下降值很小，为 0.1～0.3m/a，说明北大河对水源地的补给充沛。水源地停采后一般都会恢复到原始水位状态，例如，嘉峪关和黑山湖两个水源地停采后地下水的回升速度达 0.4～1.2m/a，超过下降速度，很快恢复到 20 世纪 80 年代中期的地下水位（接近原始状态）。

在天然状态下盆地地下水动态变化幅度很小，仅在 1～2m 之间。原因之一是地区的降雨量小（小于200mm），集中在7~9月3个月内；二是地区的蒸发量大（接近2000mm）；三是地下水埋藏较深。在这种情况下，降雨还没有入渗到地下水时，较少的雨量已被蒸发掉，致使地下水得不到降水的补给。因此，盆地区地下水动态不受降雨的控制。

4.2.2.4 区域地下水水质

经大量的水质分析资料证实，盆地内地下水水质良好。地下水的矿化度低于0.5g/L，水化学类型为 $HCO_3^- - SO_4^{2-} - Mg^{2+} - Na^{2+}$ 型。北大河干流地带水质更好，水化学类型为 $HCO_3^- - Mg^{2+} - Ca^{2+}$ 型。北部黑山山前地带局部受高矿化度基岩裂隙水的影响，表层潜水矿化度增大到 0.5 ~ 1.0g/L，水化学类型为 $SO_4^{2-} - HCO_3^- - Mg^{2+} - Na^{2+}$ 型。下伏的承压水矿化度小于0.59g/L，是水质很好的淡水。

区域地下水水质通过4号井、双泉和7队的观测孔进行长期监测。4号井和双泉观测孔位于酒泉西盆地内，7队观测孔位于酒泉东盆地的边缘（嘉峪关机场以东的长城7队）。经历年监测表明，新城7队观测孔水质超标的项目有硝酸盐、氮、硫酸盐、氨氮和大肠菌群。原因主要是该地地下水埋藏浅，受到农业施肥或用工业污水灌溉的影响。因此，控制农业面源污染、加强对工业废水的管理与治理是保护嘉峪关地区区域地下水免受污染的主要措施。

双泉和4号井观测孔没发现超标的水质项目，说明水质一直处于良好状态。

4.3 嘉峪关盆地地下水开采现状与各水源地的水文地质条件概述

酒泉市和嘉峪关市的兴建和发展主要依靠嘉峪关盆地赋存的丰富而宝贵的地下水资源。正因为存在着丰富的地下水资源，才会有酒泉钢铁公司的出现和发展。很久以来，地下水的开发利用程度较高，除有几百眼各种形式的地下水开采井以外，还兴建了不同规模的地下水开采的水源地。主要有专门为酒钢供水的嘉峪关、黑山湖和北大河水源地；此外，还有傍河、双泉和火车站水源地，共6个水源地。

4.3.1 各水源地的开采现状

上面提到的6个地下水水源地共有51眼地下水开采井在生产，这些开采井的井深一般都在80~120m。根据资料统计，1994~2002年以来地下水的总计开采量约为6886.00~8787.91万立方米/a（2.1835~2.7866m³/s），该开采量包括泉水的利用量。从数值上可以看出，地下水的开采量是逐年增长的，8年之内开采量增加近2000万立方米/a，应加以控制这种无限制地增长。各水源地的详细开采量见表4-3。

表 4 – 3　各水源地在 1994 ~ 2002 年间的开采量　（万立方米/a）

水源地＼年份	1994 年	1996 年	1998 年	2000 年	2002 年	备　注
酒钢嘉峪关	2976.33	3207.78	2633.10	2135.47	2092.90	—
酒钢黑山湖	2126.86	1968.18	1478.33	1214.14	1214.14	包括大草滩泉水量
酒钢北大河	0.0	0.0	463.43	1604.52	1806.80	—
嘉峪关市傍河水源地	80.63	532.28	530.00	510.48	507.35	—
"双泉"	1514.00	1514.00	1540.00	1956.04	2800.00	双泉地下水的截引量
"火车站"	188.18	290.80	295.36	275.45	284.60	—
其他	—	78.4	78.40	69.54	82.12	
合计	6886.00	7591.44	7031.62	7765.64	8787.91	

　　从表 4 – 3 可以看出，虽然可采量处于增长趋势，但 2002 年 6 个水源地的总开采量为 2.79m³/s，与嘉峪关盆地地下水总补给量 7.728m³/s 相比，只占总补给量的 36%，说明对地下水资源的开采利用并没有产生不利影响。

4.3.2　酒钢各水源地的水文地质条件概述

　　酒钢是嘉峪关市最大的企业，也是嘉峪关市的支柱产业和用水量最大的企业。酒钢为了调整产业结构，扩大生产，故用水量有所增加。为此，现在对 3 个供水水源地进行重新勘查，并对水资源量和开采量作进一步评价，以便制定合理的利用方案。

4.3.2.1　黑山湖水源地

　　位于木兰城和酒钢农场之间的以南区域，处于嘉峪关盆地较富水地段。该水源地共有 10 个开采井，每个井的开采量约为 450 ~ 710m³/h，年总开采量为 128 万 ~ 413 万立方米/a，故该水源地的年总开采量为 1280 万 ~ 4130 万立方米/a（0.4 ~ 1.3m³/s）。

　　A　含水层特征

　　黑山湖水源地范围内含水层岩性主要由第四系中更新统的圆砾、卵石和砾砂组成，粒径较大，一般为 20 ~ 100mm。含水层的厚度变化很大，由几米到上百米。含水层厚度一般为 40 ~ 80m，在黑山湖中部最厚，312 国道以南达 60 ~ 120m，黑山边缘小于 20m，最薄处在嘉 9 钻孔处，仅为 11.4m。

　　该水源地范围内的地下水埋深变化也较大，其埋深由南西向北东方向逐渐变浅，在北部向阳湖砖厂一带为 5 ~ 10m，在 312 国道两侧为 10 ~ 20m，在南部嘉玉公路附近为 28 ~ 40m。

含水层的富水性在水源地范围内也存在很大变化,变化规律是由南向北减小。根据抽水管径 630mm 的抽水井,降深 5m 时的涌水量的大小划分为四等(见图 4 - 8)。

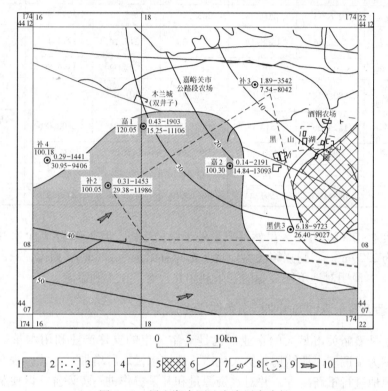

图 4 - 8   黑山湖水源地含水层富水性

1—单井涌水量 >20000m³/d; 2—单井涌水量 10000 ~ 20000m³/d; 3—单井涌水量 <10000m³/d;

4—单井涌水量 <2000m³/d; 5—透水不含水地段; 6—富水性界线; 7—地下水水位埋深等值线;

8—水源地范围; 9—地下水流向; 10—勘探孔 $\frac{编号}{孔深(m)} \cdot \frac{降深(m) - 涌水量(m³/d)}{水位埋深(m) - 单井涌水量(m³/d)}$

(1)极强富水区:$Q > 15000m³/d$（$625m³/h$）,只在局部地带;

(2)强富水区:$Q > 10000m³/d$,在 312 国道以南地区;

(3)中等富水区:$Q = 5000 ~ 10000m³/d$,其他地带;

(4)弱富水区:$Q < 5000m³/d$,在北部黑山山前及古阶地附近。

含水层的渗透系数在水源地范围也有很大变化,在水源地中部最大,为 300 ~ 400m/d;北部山前最小,为 80 ~ 100m/d;其他地带为 200 ~ 300m/d。地下水的传导系数也是在水源地中部最大,为 10 万 ~ 15 万平方米/d;一般为 5 万 ~ 6 万平方米/d。

B   水源地区域地下水的形成条件

(1)地下水的补给。黑山湖水源地地下水的主要补给来源是嘉峪关盆地内基岩承压水的顶托补给,其次为白杨河、西沟、小红泉沟以西的小沟、小河流的入渗补给,山区基岩裂隙水的侧向补给和北大河的入渗补给较少。地下水环境氢氧同位素(氕、氘、O^{18})水样的分析结果证实,黑山湖水源地地下水中氘 D、O^{18}的含量与白杨河河水线接近(见图4-9),说明地下水与白杨河水关系密切。由于白杨河水入渗量有限,故推测该水源地的地下水主要补给来源是盆地内基岩承压水的顶托补给。

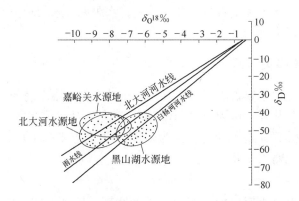

图4-9 各水源地地下水、河水、雨水氢氧同位素相关示意图

(2)地下水的径流。该水源地地下水的主要径流方向是由南西向北东,312国道以南由西向东。水力坡度较缓,在1‰左右,在北部黑山区域受地形影响略有增大,为1.4‰~1.6‰。

(3)地下水的排泄。在嘉峪关盆地区域地下水的排泄形式主要有三种,即嘉峪关断层的侧向流出、人工开采和泉水溢出。在北大河河谷中局部有向河流排泄的形式。不同水源地的排泄方式有一定区别,黑山湖水源地主要通过水关峡断面的侧向流出排泄,经测定,1966年为0.4189m³/s;1997年为0.3123m³/s。黑山湖水源地共有10眼开采井,井深在80~105m,单井涌水量为450~710m³/h,单井年开采量为128万~413万立方米/a,1998年上半年之前水源地的总开采量为1968万~2127万立方米/a(0.62~0.67m³/s)。在黑山湖水源地的水关峡有泉水溢出带,经测定,排泄量为150.87万立方米/a(0.05m³/s)。

综上所述,黑山湖水源地3种形式的排泄量合计约为1.0m³/s。

C 地下水的动态特征

黑山湖水源地地下水动态主要受径流量大小的影响,故动态类型属于水文径流型。水位动态曲线在一年内很平稳,低水位期在每年的6~8月,水位标高变化值为1746.47~17511.58m。高水位期出现在次年2~3月份,滞后河流丰水期8~9个月,水位高程为1746.93~1751.74m。年水位变幅为0.27~0.78m,平均为0.5m。由于地下水埋深较大地区降雨量少,因此水的动态不受气象条件(降雨量）的控制。

　　D　地下水的水化学特征与水质变化动态

　　黑山湖水源地在北部黑山山前局部地带受高矿化基岩裂隙水的影响，表层潜水矿化度较高，为 0.5 ~ 1.0g/L，水化学类型为 $SO_4^{2-} - HCO_3^- - Mg^{2+} - Na^{2+}$ 型水，沟谷内的水化学类型为 $HCO_3^- - SO_4^{2-} - Mg^{2+} - Na^{2+}$（或 $Mg^{2+} - Ca^{2+}$）型水。而下伏承压水为矿化度小于 0.5g/L 的淡水。在水源地内，地下水的水化学特征表现出明显的水平和垂直分带性。总之，水源地开采的地下水水质良好，适合饮用和工农业用水。

4.3.2.2　嘉峪关水源地

　　嘉峪关水源地位于鳌盖山以西，312 国道和兰新铁路以南地段。该水源地共有 9 个开采井，单井开采量为 390 ~ 1017m³/h，单井年开采量为 398 ~ 778 万立方米/a。2002 年该水源地总的年开采量为 2092.9 万立方米/a（0.66m³/s），开采能力比黑山湖水源地略大一些。

　　A　含水层特征

　　嘉峪关水源地含水层岩性主要由松散的圆砾、砾砂、卵石组成。粒径较大，一般为 25 ~ 95mm，大者为 150 ~ 300mm。含水层深部（大于 40m）岩性呈现局部泥钙质、砂质胶结或半胶结状态，半坚硬，孔隙裂隙极发育。

　　含水层厚度变化很大，南部较厚，一般为 60 ~ 80m。中部为 30 ~ 45m，呈条带状分布。在黑山和鳌盖山前地带为 20 ~ 30m。地下水埋深自西南向东北由深变浅，嘉峪关城楼附近较浅，为 3.6 ~ 6.7m，再往北有泉水溢出（嘉峪关泉），在兰新铁路以南地下水埋深增大，为 20 ~ 37m。该水源地范围内含水层富水性较好，根据单井涌水量的大小可以划分出强富水区的范围。强富水区以单井涌水量大于 10000m³/d 来确定，位于嘉峪关口南和古河道地带。供 2 号井，当地下水降深为 6.28m 时，涌水量为 18044m³/d；供 8 号井，当地下水降深为 7.08m 时，涌水量为 17363m³/d；供 1 号井，当地下水降深为 8.27m 时，稳定涌水量为 28212m³/d，是涌水量最大的供水井。含水层富水和涌水量大的主要原因是含水层的渗透性好，渗透系数大，一般为 200 ~ 300m/d；导水系数也大，为 5 ~ 6 万平方米/d。

　　B　地下水的形成条件

　　（1）地下水的补给。嘉峪关水源地地下水的主要补给来源为南西方向的地下潜流的侧向补给，北大河的入渗补给也占很大比例，其次为盆地内基岩承压水的顶托补给和西沟以东的南部小沟、小河的出山表流的入渗补给，还有少量的山区基岩裂隙水的侧向补给。总之，该水源地地下水补给量较大且稳定。

　　（2）地下水的径流。该水源地地下水的径流主方向为自西南向东北，关口以南戈壁砾石地带流动方向自西向东。地下水的水力坡度较小，为 2.8‰ ~ 7.5‰；关内地下水流向渐变为自南西至北东向，水力坡度为 6‰。受水源地开采的影响，在长期供水开采作用下，水源地中心区形成面积较小的降落漏斗，改变了地下水的原始流动状态，形成以供水井为中心的辐射流。不受供水井开采影响的地下水仍然按原始方向越过嘉峪关大断层流出区外，补给酒泉东盆地的地下水。

(3) 地下水的排泄。该水源地的地下水排泄也包括侧向流出、人工开采和泉水溢出三种形式。经测定，嘉峪关断面上的嘉峪关水源地侧向流出量为 0.8438m³/s。

嘉峪关水源地共有 9 眼供水井，井深 85 ~ 110m。单井涌水量为 390 ~ 1017m³/d，单井年开采量为 398 万 ~778 万立方米/a（见表 4 -4），2001 年全水源地的年总开采量为 1859.9 万立方米/a（0.59m³/s），2002 年为 2092.9 万立方米/a（0.66m³/s）。水源地的开采强度为 338.2 万 ~380.5 万立方米/（a·km²）。

表 4 - 4　2002 年酒钢供水水源地年开采量统计

水源地	供水井数	开采量		
		单位开采量/m³·(h·眼)⁻¹	单井年总开采量/万立方米·a⁻¹	水源地年总开采量/万立方米·a⁻¹, m³·s⁻¹
北大河	10	620 ~ 720	467 ~ 536	1806.8, 0.573
嘉峪关	9	390 ~ 1017	398 ~ 778	2092.9, 0.66
黑山湖	10	150 ~ 710	128 ~ 413	停采
合计	29	390 ~ 1017	128 ~ 778	3899.7, 1.24

在嘉峪关水源地泉水溢出排泄主要以嘉峪关泉群为主，1966 年以前嘉峪关泉群溢出量为 0.229m³/s。当前已被水库和人工湖淹没，根据 30 多年区域地下水动态趋势折算（见表 4 -5），嘉峪关水源地年泉水径流量为 340.59 万立方米/a（0.108m³/s）。

表 4 -5　嘉峪关盆地泉水溢出量统计（现在）

泉水溢出地点		水关峡	大草滩	嘉峪关	双泉	北大河	合计
涌水量	万立方米/a	150.87	1214.14	340.59	2800.00	15.69	4521.29
	m³/s	0.048	0.385	0.108	0.89	0.005	1.434

C　地下水的动态特征

该水源地的地下水动态主要受开采强度控制，属于人工开采型，水位变化比较强烈。在水源地开采期间，高水位出现在 1 ~3 月和 10 ~12 月，水位标高变化在 1707.07 ~1718.75m；低水位期出现在 6 ~9 月，水位标高变化在 1706.05 ~

1718. 25m，年水位变幅为 0. 95 ~ 1. 32m。

D　地下水的水化学特征和水质变化动态

该水源地地下水水质良好，矿化度较低，一般小于 0. 3 ~ 0. 59g/L，年变化幅度为 0. 05 ~ 0. 12g/L。地下水的水化学类型以 $HCO_3^- - SO_4^{2-} - Mg^{2+} - Ca^{2+}$ 为主。该水源地地下水的矿化度、总硬度和各种离子的含量，在枯水期 3 ~ 5 月份较低，丰水期 6 ~ 9 月份较高，其原因是水源地距离河流较远，受河流补给的影响较小。在没有超量开采和人为污染的情况下，地下水水质较稳定，处于良好状态。

4.3.2.3　北大河水源地

北大河水源地也是酒钢的主要供水水源地之一，它位于嘉峪关车站以西，头道嘴子与北大河之间。北大河水源地共有 10 眼开采井，编号分别为水 1 ~ 水 10。经抽水试验证明，各井的涌水量都较大，当水位降深为 4. 07 ~ 10. 88m 时，每眼井的涌水量为 9569 ~ 17484m³/d（见表 4 - 6）。

表 4 - 6　北大河水源地各供水井抽水试验结果

井号	井深 /m	过滤器长度 /m	含水层厚度 /m	水位埋深/m	降深值 /m	涌水量			当降深值为 S = 5m 时的预计涌水量/m³·d⁻¹
						m³/s	m³/h	m³/d	
水 1	84. 50	42. 0	117. 22	29. 52	7. 43	0. 19	696. 29	16711	10683
水 2	84. 02	42. 0	151. 13	26. 04	6. 57	0. 19	683. 13	16395	11728
水 3	84. 35	42. 0	115. 66	27. 82	6. 79	0. 186	670. 04	16081	11250
水 4	90. 44	42. 0	134. 36	37. 64	4. 17	0. 136	491. 04	11785	13110
水 5	90. 38	46. 8	127. 18	33. 65	6. 45	0. 203	729. 50	17484	14378
水 6	90. 44	42. 0	113. 14	32. 86	5. 75	0. 178	639. 83	15356	12096
水 7	100. 00	50. 3	93. 15	35. 85	10. 31	0. 139	499. 00	11976	5517
水 8	92. 80	46. 1	137. 14	35. 86	10. 88	0. 11	398. 71	9569	3987
水 9	100. 20	48. 4	68. 77	41. 23	7. 41	0. 16	576. 46	13835	8458
水 10	84. 40	42. 0	126. 05	29. 95	10. 36	0. 163	586. 42	14074	6156
合计（北大河水源地总开采量）						1. 656	5970. 42	143266	97363 (1. 127m³/s)

从表 4 - 6 可以明显的看出，如果 10 眼井能同时工作，按试验成果总开采量可以达到 143266m³/d（1. 656m³/s）。如果把每眼井的降深值控制在 5m，水源地的总开采量可达到近 10 万立方米/d。

A　含水层特征

北大河水源地和其他水源地一样，含水层岩性主要由中更新统的圆砾、砾砂、卵石等物质组成，这些卵砾石成分以变质砂岩、花岗岩、石英岩和砾岩为主，粒径较大，一般为 2~100mm，最大者达 300~400mm。磨圆度较好，呈圆或次圆状。砂以中粗砂为主，成分以长石和石英为主。含水层的物质结构以松散状为主，局部（深部）有泥钙质微胶结或胶结，胶结程度随深度变强，多以夹层形式出现，单层厚度小于 2m。

北大河水源地含水层厚度较大，由于该水源地处于酒泉西盆地第四系地层较厚部位，并且在水源地内分布有 3 个凹槽，第一个"凹槽"沿水 1 至水 7 井方向分布，厚度为 140~150m；第二个沿水 2 至水 8 井方向分布，厚度为 170~200m；第三个沿水 3 至水 9 井以北分布，厚度为 120~150m。故该水源地含水层分布的总厚度为 68.77~151.13m，其中"凹槽"地段为最厚部位。由于含水层的厚度较大，颗粒较大，孔隙率较大，所以含水层的富水性较大。

在该水源地内地下水埋深较大，一般为 38.73~9.51m，变化规律是由东向西逐渐变浅。受嘉峪关断层影响，在嘉峪关城楼东北角、双泉等地有泉群出露。

在该水源地中可以根据各个井开采量的大小进行富水性划分：

（1）强富水区：位于水源地中心部位，涌水量大于 $10000 \text{m}^3/\text{d}$，水 1~水 6 井分布于该区。

（2）中等富水区：位于西部戈壁平原区，涌水量为 $5000 \sim 10000 \text{m}^3/\text{d}$，水 7、水 9 和水 10 三眼井分布于该区。

（3）弱富水区：位于 F_3 断层地带，涌水量小于 $5000 \text{m}^3/\text{d}$，只有水 8 井分布于该区。经抽水试验测定，该水源地范围内的含水层渗透性较好，渗透系数较大，为 100~250m/d，导水系数为 4~5 万平方米/d。

B 地下水的形成条件

（1）地下水的补给。北大河水源地的地下水主要补给来源由西部侧向地下水潜流和北大河河水入渗组成。经测定，在该水源地地段单长入渗量为 $0.1317 \text{m}^3/(\text{s} \cdot \text{km})$。如果北大河流经该水源地的路径按 20km 计算，北大河的入渗补给量将达到 $2.634 \text{m}^3/\text{s}$（22.75 万立方米/d）。

经地下水环境氢氧同位素水样分析测定，北大河水源地地下水与北大河河水线接近，说明北大河河水与地下水关系密切，是地下水的主要补给来源。

（2）地下水的径流。北大河水源地地下水的主要流向由西向东，受自来水公司傍河水源地开采的影响，已形成局部降落漏斗。在漏斗部分，水力坡度较大，约为 4‰~25‰。在漏斗以外，地下水流仍保持天然流向，最终越过嘉峪关大断层流出区外，补给酒泉东盆地的地下水。

（3）地下水的排泄。该水源地范围内地下水的排泄方式与区域地下水盆地地下水的排泄方式相同。经测定（见表 4-7），北大河水源地侧向流出量在头道嘴子与北大河断面为 $2.7218 \text{m}^3/\text{s}$（1966）和 $1.9583 \text{m}^3/\text{s}$（1997）。1997 年与 1966

年相比，侧向流出量减少了 0.7635m³/d，主要是北大河水源地开采量增大所致。

表 4 - 7　酒泉西盆地地下水侧向流出量统计

断　面　位　置		断面流量/m³·s⁻¹	
		1996 年	1997 年
黑山湖水源地	水关峡	0.4189	0.3123
	大草滩	0.0015	0.0013
	合计	0.4204	0.33136
嘉峪关水源地	嘉峪关	0.9591	0.8438
北大河水源地	鳖盖山 - 头道嘴子	0.0650	0.0429
	头道嘴子 - 北大河	2.7218	1.9583
	北大河 - 文殊山	2.7478	2.0686
	合计	5.5346	4.0698
总　　计		6.9141	5.2272

北大河水源地共有 10 眼开采井，2001 年总开采量为 1643.3 万立方米/a（0.521m³/s），2002 年为 1806.8 万立方米/a（0.573m³/s），开采强度为 373.5 ~ 410.6 万立方米/(a·km²)（降落漏斗面积为 4.4km²）。

北大河水源地的泉水溢出排泄量由北大河河谷泉水量决定，经测定，为 15.69 万立方米/a（0.005m³/s）。

从以上 3 种形式排泄量的对比可以看出，虽然开采量增加，水源地的侧向排泄量（1.9583m³/s）和泉水溢出量（0.005m³/s）之和仍大于开采量（0.73m³/s）。说明水源地的开采对地下水的形成条件没有造成影响，地下水仍处于天然的、较正常的水力循环状态。

C　地下水的动态特征

因北大河水源地距离北大河很近，故地下水位变化受北大河的水文状态影响很大，地下水位年内变化较大。其变化规律是，1 ~ 3 月份的枯水季节地下水位较低，标高为 1687.79 ~ 1710.73m，是河水流量减小所致。高水位期出现在 8 月到次年 1 月，水位标高为 1688.81 ~ 1712.85m，滞后河流丰水期 1 ~ 2 个月，年水位变幅为 1.02 ~ 2.12m。

在北大河水源地，由于开采强度增大，使地下水位呈现逐年下降的趋势。2002 年与 2001 年相比，水位下降了 0.01 ~ 0.15m；与 2000 年相比，下降了 0.12 ~ 1.36m。如果这种现象持续下去，地下水动态变化已发出控制地下水开采强度的信号，则应调节水源地的开采量，使水源地范围内的地下水动态保持天然的动态变化规律，这样才能保证水源地的持续开采。

D 地下水的水化学特征与水质的变化特征

北大河水源地的水质较好，矿化度较低，约为 0.3g/L，水化学类型多为 HCO_3^- – Mg^{2+} – Ca^{2+} 型水（如水3、水6、水7井）。

水源地的水质变化较稳定，矿化度、总硬度和各种离子含量，在枯水期3～5月份较高，丰水期6～9月份较低，表明河水入渗后对地下水起着明显的淡化作用。矿化度的年度变幅为 0.148～0.258g/L，加上本底，基本上不超过 0.5g/L。水化学类型仍为 HCO_3^- – Mg^{2+} – Ca^{2+} 型，没有出现水质变差的迹象。

4.3.3 对酒钢水源地的开采现状评价

在本章的第二节对酒钢所属的3个水源地，黑山湖、嘉峪关和北大河的含水层特征、地下水的形成条件、地下水的动态特征和地下水的水质特征都作了全面系统地介绍，根据这些资料，我们可以对这3个水源地的当前开采状态、水源地的开采潜力和水资源的合理开发利用等问题作出正确评价。

4.3.3.1 酒钢水源地的水资源量评价

从以上各水源地的水文地质条件简介可知，酒钢所属的三个水源地都处于酒泉西地下水盆地的径流区或排泄区，其共有的水文地质特征是：

（1）含水层厚度大，富水性强。在三个水源地内都存在单井涌水量大于 $10000m^3/d$ 的强富水区，都有厚度大于80～100m 的较厚的含水层地段。含水层厚度较大，地下水的储存量大和补给量也大，这对水源地的水资源量有可靠的保证。

（2）含水层的组成物质颗粒大，渗透性好。含水层主要由颗粒较大的（大者为100～300mm）圆砾和卵石组成，故含水层的孔隙率大，渗透性好，渗透系数 K 值一般都能达到200～300m/d，这是地下水好的径流条件的可靠保证，使含水层很容易得到河流入渗和侧向地下水径流的补给。

（3）地下水埋深较大，不易受人为污染。在三个水源地内，抽水井的地下水埋深都在20～30m，这种地下水埋深较大的含水层因有一定厚度的地层与地表设施相隔，在这些地层有足够的降解能力时，可以防止地表的污水和污染物溶解入渗到含水层内。因此在水源地长期开采过程中，地下水水质一直保持良好状态，达到地下水质量的 Ⅰ～Ⅱ类标准。

（4）地下水有充足的补给来源。酒钢所属的三个水源地的含水层的主要补给来源是河流入渗和地下水潜流补给，还有祁连山融雪、融冰、地表小沟、小河入渗的间接补给。白杨河和北大河是常年河流，在枯水期也有一定的流量，是地下水的永久补给源。例如，北大河水源地在北大河径流的20km 地段上就可以获得22.75 万立方米/d（$2.634m^3/s$）的补给量（单位入渗量为 $0.1317m^3/(s\cdot$

km))。

祁连山融雪和融冰的季节性补给，使水源地开采造成的地下水资源暂时的亏空得到充足的补充和缓解，使含水层的富水程度得到恢复。

水源地地下水在有这些充足补给来源的条件下，水源地不但有充足的开采量，而且还有一定径流量用来补给酒泉东盆地的地下水。

从区域地下水盆地的补给条件也显示出，酒钢3个地下水水源地有充足的补给量保证。例如：北大河和白杨河的入渗补给量为 1.302 亿立方米/a（4.128m³/s），占总补给量的 53.4%。南部山区沟谷潜流补给量为 994.917 万立方米/a（0.315m³/s），占 4.1%。地表水补给量总计占 57.5%。南部山区祁连山融雪和白垩系地层基岩承压水的总补给量达 1.036 亿立方米/a（3.285m³/s），占总补给量的 42.5%。

前两项补给量合计达 2.437 亿立方米/a（7.728m³/s），与整个地下水盆地开采量（包括3个水源地和其他水源井的开采）0.460 亿立方米/a（1.459m³/s）相比，仅为总补给量的 18.88%。

以上数据很明显的说明，嘉峪关地下水盆地的水资源量很大，对水源地的开采有足够的保证。

4.3.3.2 对酒钢水源地开采现状评价

在本章第二节已对嘉峪关地下水盆地的各个水源地当前开采现状作了充分介绍，其中在表 4-3 中列出了 1994~2002 年各个水源地的开采量。以 2002 年为例，嘉峪关水源地的开采量为 2092.90 万立方米/a，黑山湖为 1214.14 万立方米/a（包括大草滩泉水量），北大河为 1806.80 万立方米/a，3 个水源地总开采量为 5113.84 万立方米/a（14.0 万立方米/d 或 1.62m³/s）。与嘉峪关地下水盆地总补给量 2.437 亿立方米/a 相比，只占总补给量的 20.96%（约1/5）。这个数据说明，酒钢3个水源地当前的开采量仅占嘉峪关地下水盆地总补给量的 1/5，有 80%的保障率，因此酒钢水源地仍有开采潜力。

表 4-3 列出的嘉峪关地下水盆地6个水源地和其他井 2002 年的开采量合计达 8787.91 万立方米/a（24.1 万立方米/d，2.79m³/s），与地下水盆地总补给量 2.437 亿立方米/a 相比，只占 36.10%。这说明嘉峪关地下水盆地的水资源，在当前全市供水条件下仍有 50%以上的保障率，全市的供水开采量仍有进一步提高的可能，这有利于嘉峪关市工农业的可持续发展和城市规模的扩大。

4.4 对酒钢供水水源地开采量增大的可能性评价

为了酒泉钢铁公司产品的调整和生产能力的扩大而提高地下水源地的开采量，要对酒钢公司已开采利用的地下水水源地总供水量提高的可能性，以及水资源保证程度进行重新评价。为此，酒泉钢铁公司委托甘肃省地勘局水文与工程地质勘察院承担了酒钢的供水水文地质勘查项目，并于 2003 年 8 月提交了"水源地地下水资源评价报告"，2003 年 8 月 17 日通过了专家评审。

该报告全面系统地论述了酒泉西地下水盆地和各水源地的水文地质条件，并通过抽水试验、地下水资源数值计算和水均衡计算等多种方法对地下水资源量进行了评价。

4.4.1 对地下水资源量的评价方法

为了对酒泉钢铁公司地下水水源地水资源作出正确评价，除了做大量水文地质勘查工作外，还采用了多种计算方法对水资源量进行了大量的计算，最后经过对比优化，在获得准确的地下水资源量的情况下，确定了每个水源地合理的地下水开采方案。该方案既能保证酒钢发展的供水量需要，又不能影响嘉峪关市的城市发展的供水需要，不能引起嘉峪关市因用水量增大而造成的生态环境的影响。

4.4.1.1 水文地质计算参数的确定

地下水资源量是否能计算得准确，与各种计算参数的选取和数值的确定有十分密切的关系。如水文地质参数选取得不合理，可导致水文地质计算出现严重错误而不能使用。

A 水跃值

水跃值是抽水井内水位与井外含水层中的水位差值，它的大小取决于含水层特征和抽水井的结构。含水层的渗透系数小，抽水井的口径小，或过滤器的孔隙率确定得不合理，都会影响水跃值的大小。如果水跃值较大，会影响抽水井降深（S 值）的合理确定，则会严重影响水文地质参数的计算成果。在这次水文地质勘查中，对各水源地的抽水井水跃值进行了实际观测，观测结果如下：

（1）北大河水源地的水跃值为：$0.48 \sim 0.65\mathrm{m}$，$S = 2.23 \sim 10.96\mathrm{m}$；

（2）嘉峪关水源地的水跃值为：$0.08 \sim 0.31\mathrm{m}$，$S = 3.16 \sim 6.59\mathrm{m}$；

（3）黑山湖水源地的水跃值为：$0.09 \sim 0.39\mathrm{m}$，$S = 1.96 \sim 8.21\mathrm{m}$。

当抽水井的降深和涌水量增大时，水跃值也随之增大。上述数值与各抽水井内降深（S）相对应。如果水跃值较小，对抽水井的涌水量计算不会产生很大影响，故可忽略不计。

B 渗透系数（K）、影响半径（R）、给水度（μ）和导水系数（T）

这 4 个参数都是表征含水层富水性的，一般要由各种类型的抽水试验来确定。在本次勘查中分别使用了稳定流单孔和干扰井群抽水试验、非稳定流的降深与时间相关的量板法和潜水斜率解析法来测定上述 4 种参数，测定结果见

表 4 - 8。

表 4 - 8   各水源地含水层与地下水相关的水文地质参数

水源地名称	水源地的天然补给量/万立方米·a⁻¹	水源地面积/km²	含水层厚度/m	地下水流向	水力坡度/‰	水跃值/m	K值/m·d⁻¹	R值/m	μ值	T值/m²·d⁻¹	压力传导系数/m³·a⁻¹
北大河	24.636	2.851	4.4	68.77 ~ 151.13	自西向东	4 ~ 25	0.48 ~ 0.65	116.16 ~ 765.50	471.3			
嘉峪关	16.266	1.883	4.0	30 ~ 80	自南西向北东	2.8 ~ 7.5	0.08 ~ 0.31	330.79 ~ 424.2	555.6	0.19 ~ 0.26	16833.06 ~ 19660.86	59521.64 ~ 108067.74
黑山湖	17.833	2.064	10.0	40 ~ 120	自南西向北东	1.0 ~ 1.6	0.09 ~ 0.39	145.12	521.70			

C 干扰系数

干扰系数是用来确定抽水井之间或各水源地之间在抽水或开采时是否存在干扰及干扰程度的。如果相互干扰很大，就会对井的涌水量有很大影响，或出现较大的相互干扰降落漏斗。通过单孔抽水试验、互阻干扰抽水试验或群孔干扰抽水试验成果都可计算出干扰系数，计算结果见表 4 - 9。

从表 4 - 9 可以很清楚地看出，各种抽水试验方法测定的干扰系数值都较小，说明抽水井之间基本无影响，也说明各水源地的地下水很丰富，故抽水时只出现很小的降落漏斗。由此可以证明，各水源地的各抽水井的间距合理，水井布置合理。

4.4.1.2 对地下水资源量的计算方法

地下水资源量的计算方法很多，较可靠的是地下水均衡法和数值模拟法。因此，在水源地勘查中主要采用这两种方法对地下水资源量进行计算评价。

A 地下水均衡法

用地下水均衡法对地下水资源量的评价，在资料比较齐全、边界比较清楚的条件下，地下水资源量计算结果是比较可靠的。为了计算方便，应建立和确定以下均衡条件。

（1）均衡期的确定。由于资料有限，故均衡期选择为 2000 年 1 月 1 日 ~ 2000 年 12 月 31 日，为一完整的水文年。

（2）均衡区边界的确定。

如图 4 - 10 所示，均衡区由 AB - BC - CD - DE - EF - FG - GH - HI - IJ - JK - KA 各段围成的面积构成，均衡区面积达 194.30km²。在上述各段中有 3 种性质的边界，作如下划分：

表4-9　各水源地抽水井之间干扰系数值

水源地	抽水试验方法												
	单孔抽水					互阻干扰抽水				群孔干扰抽水			
	孔号	降深/m		井距/m	干扰系数	孔号	降深/m	井距/m	干扰系数	孔号	降深/m	井距/m	干扰系数
北大河	水1	7.43	20.63	390	0.019	水1	7.62	390	0.025	水1	7.66	390	0.067
	水2	6.57	10.25		0.033	水2	6.97		0.032	水2	6.83		0.056
	水5	6.45	60.21	417	0.034	水4	4.19	333	0.029	水5	6.69	417	0.068
	水6	6.03	50.11		0.016	水5	5.66		0.032	水6	5.93		0.072
嘉峪关	供2	6.28	供80.15	287	0.021	供2	6.57	287	0.044			无	
	供8	7.08	供20.10		0.016	供8	7.41		0.045				
黑山湖	供1	7.82	供30.01	1912	0.002	供1	7.84	1912	0.003				
	供3	6.18	供10.01		0.001	供3	6.20		0.003				

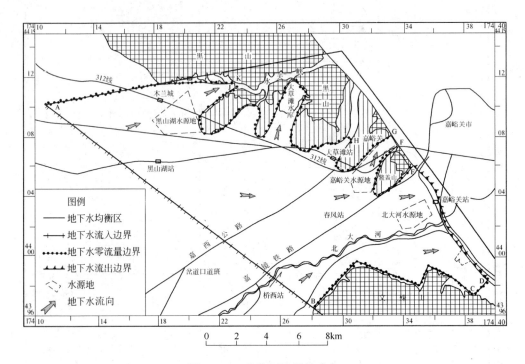

图 4 – 10　均衡区边界的确定

1）给水边界：AB（西南部边界）。

2）阻水边界：BC（南部文殊山前为零流量边界）、CD（东段零流量边界）、EF（北部鳘盖山周围为零流量边界）、GH 和 HJ（北部黑山区域为零流量边界）、JA（北部零流量边界）段都是零流量的隔水边界。

3）排水边界：DE、FG、HI 和 JK 段都是本区地下水的流出边界。

（3）均衡方程式的建立。由于均衡区处于戈壁平原上，地表无农田和渠系，故不考虑入渗和蒸腾作用的影响，选取以下各项均衡要素。

B　均衡区地下水流入项

（1）$Q_{侧入}$：为地下水的侧向流入量（万立方米/a），主要来自地下水盆地上游的地下水径流量；

（2）$Q_{河}$：主要是北大河的河水入渗补给量（万立方米/a）。

C　均衡区地下水流出项

（1）$Q_{开}$：3 个水源地的总开采量（万立方米/a）；

（2）$Q_{泉}$：均衡区内所有泉水的溢出量（万立方米/a）；

（3）$Q_{侧出}$：均衡区内地下水的侧向流出量（酒泉东盆地的地下水补给量）。

（4）ΔQ：均衡区地下水储量的变化量。

D 用地下水的均衡要素建立均衡方程式

$$\left(Q_{侧入}+Q_{河}\right)-\left(Q_{开}+Q_{泉}+Q_{侧出}\right)=\Delta Q$$

以上各均衡要素计算结果见表4-10。

表4-10 2002年均衡区地下水资源计算成果 （亿立方米/a）

均衡区地下水的流入项（补给量）					均衡区地下水的流出项（排泄量）				ΔQ
侧向流入量			北大河水渗入量	合计	开采量	泉水溢出量	侧向流出量	合计	
2.5398			0.2284（单长渗入量0.1317×5.51km）	2.7682（8.78 m³/s）	0.4595（除酒钢3个水源地外又加上傍河、火车站两个水源地和其他开采井）	0.4521（包括水关峡、大草滩、嘉峪关、北大河谷、双泉等泉群）	1.6673（包括酒泉西盆地流入东盆地的所有断面流量）	2.5789（8.18m³/s）	+0.2056
1.2136（为区外河渗入量）	0.0995（小沟小河渗入和沟谷潜流量）	1.2267（深层承压水顶托补给量）							

均衡区地下水资源的计算结果表明，均衡区内地下水的补给量与排泄量基本持平，说明均衡计算选取的参数和计算方法基本合理。但补给量中的深层承压水的顶托补给量几乎占总补给量的1/2，其根据不足。在勘查报告中没有提出充足的证据，如抽水试验及承压含水层特征方面的资料。建议在今后工作中要加强深层承压含水层的研究。

4.4.1.3 地下水资源量数值模拟计算

地下水资源数值模拟计算的边界范围和性质基本与均衡区相同，计算面积仍为194.30km²，基本按均衡区的水文地质条件建立概念和数学模型。

数值模拟计算结果见表4-11，计算基础数据引用2000年的观测资料。

表4-11 酒钢水源区地下水数值模拟源、汇项资源量统计成果

（亿立方米/a）

计算方法	补给量			排泄量			合计
	侧向流入	河水入渗	水源井开采	泉水溢出	侧向流出	合计	
水均衡法	2.5398	0.2284	2.7682	0.4595	0.4521	1.6673	2.5789
数值模拟	2.5307	0.2263	2.7570	0.4654	0.4608	1.6736	2.5998
拟合绝对误差	0.0091	0.0021	0.0112	0.0059	0.0087	0.0063	0.0209
拟合相对误差/%	0.36	0.93	0.41	1.28	1.92	0.38	0.81

表 4 - 11 的计算结果表明, 两种计算方法得到的地下水资源量基本一致, 误差较小, 因此可以利用此数据对酒钢水源地地下水资源量进行评价, 制定合理的开采规划。

4.4.2 对酒钢水源地允许开采量的评价

根据酒钢产品结构调整和规模扩大的规划, 将来需水量要增加到 40 万立方米/d (4.63m³/s)。在这种情况下, 除将大草滩水库的供水量提高到 12.36 万立方米/d (1.43m³/s) 以外, 还要将现有的 3 个水源地的总开采量从当前的 12.6 万立方米/d 提高到 27.65 万立方米/d (3.20m³/s) 才能满足需要。为此, 制定了各水源地的开采方案, 并对各水源地的最大降深值进行了预报, 最后合理的制定了各水源地的开采方案和开采量。

4.4.2.1 水源地开采方案设计

为了能合理的实现酒钢各水源地开采量的目标, 根据各水源地的水文地质条件和各开采井的具体情况, 设计了 4 种开采方案 (见表 4 - 12)。

表 4 - 12 酒钢水源地增大开采量的设计方案

开采方案	酒钢需水量与年限 /万立方米·d^{-1}, $m^3 \cdot s^{-1}$	地下水设计开采量 /万立方米·d^{-1}, $m^3 \cdot s^{-1}$	各水源地分配量 /万立方米·d^{-1}, $m^3 \cdot s^{-1}$			地表水开采量 (大草滩水库) /万立方米·d^{-1}, $m^3 \cdot s^{-1}$
			北大河	嘉峪关	黑山湖	
I	40, 4.63 2003 ~ 2030 年	27.65, 3.2	10.37 1.20	6.91 0.80	10.37 1.20	12.36, 1.43
II	40, 4.63 2020 年	23.09, 2.67	8.64 1.0	6.05 0.70	8.40 0.97	16.91, 1.96
III	46.92, 5.43 2003 ~ 2030 年	34.56, 4.0	10.37 1.20	6.91 0.80	17.28 2.0(新增 4 眼井)	12.36, 1.43
IV	44.32, 5.13 2010 ~ 2020 年	31.96, 3.7	10.37 1.2	6.91 0.8	14.68 1.7	12.36, 1.43

(1) 各水源地生产井开采量的分配。在以上 4 种开采方案中, 只是按总需水量分配给各个水源地, 而各个水源地必须将自己所承担的开采量再分配给各个生产井, 所以, 按各水源地分配的开采量的不同设计方案又对各生产井进行了开采量的分配 (见表 4 - 13)。

表 4-13 各水源地开采井的开采量的分配 （万立方米/d）

设计开采方案	水源地名称						备注
	北大河		嘉峪关		黑山湖		
I (27.65)	10.37		6.91		10.37		市傍河水源、火车站水源和其他零星开采井生产现状不变
	孔号	开采量	孔号	开采量	孔号	开采量	
	水1	1.60	供1	2.0	供1、供2、供3	1.50×3	
	水2、水3、水6	1.5×3	供2、供8	1.2×2	供4、供5、供6、供9	1.10×4	
	水5、水10	1.4×2	供4、供6	1.255×2	供10	1.47	
	水4	1.10	供3、供5、供7、供9	4眼井备用	供7、供8	备用	
	水9	0.37					
	水7、水8	备用					
II (23.09)	8.64		6.05		8.40		
	孔号	开采量	孔号	开采量	孔号	开采量	
	水2、水10、水5、水6	1.5×4	供1	2.05	供1、供2、供3	1.50×3	
	水1、水3	1.32×2	供2、供8、供4、供6	1.0×4	供4、供5、供6	1.30×3	
	水4、水7、水8、水9	4眼井备用	供3、供5、供7、供9	4眼井备用	供7、供8、供8、供10	4眼井备用	
III (34.56)	10.37		6.91		17.28		市傍河水源、火车站水源和其他零星开采井生产现状不变，新增加4眼井为新供11~14号
	同I方案		同I方案		供1、供2、供3	1.45×3	
					供4、供5、供6	1.40×3	
					供7、供8	1.35×2	
					新供11、新供12	1.45×2	
					新供13、新供14	1.60、1.53	
					供9、供10	备用	
IV (31.96)	10.37		6.91		14.68		
					井号	开采量	
	同I方案		同I方案		供1、供2、供3	1.50×3	
					供4、供5、供6、供9	1.40×4	
					供7、供8、供10(无备用井)	1.52×21.54	

（2）开采井合理降深值的确定。根据水源地的水文地质条件、抽水试验结果、地下水长期动态观测资料以及开采井多年的开采状态，综合分析各种情况确定的各水源地开采井的正常工作降深值为 6～8m。在考虑年和多年水位变幅为 2～3m 的情况下，生产井的最大降深值应为 10～14m。取其中间值，则生产井的最大降深值为 12m。

（3）不同开采方案条件下开采井的降深值预报。开采井的降深值预报方法很多，较可靠的有非稳定流干扰井群法和有限元法。因此，该勘查报告采用这两种方法分别对 4 种水源地开采量设计方案进行了不同年份的降深值预报，两种方法的预测结果基本相似。各水源的非稳定流干扰井群法的降深值预报结果见表 4-14。

表 4-14　各水源地非稳定流干扰井群开采时水位降深值预报成果

水源地与抽水井的观测孔	不同开采方案的降深值	I		II		III		IV	
		降深/m	降速/m·a⁻¹	降深/m	降速/m·a⁻¹	降深/m	降速/m·a⁻¹	降深/m	降速/m·a⁻¹
北大河 12 号孔	2005 年	4.91	1.64	3.15	1.05	5.32	1.77	5.48	1.83
	2010 年	5.48	0.11	3.49	0.07	5.73	0.14	6.33	0.17
	2020 年	5.77	0.03	3.66	0.02	6.04	0.03	6.76	0.04
	2030 年	5.95	0.02	3.74	0.01	6.24	0.02	6.98	0.02
	最大降深值	8.76		6.89		9.23		10.29	
嘉峪关 15 号孔	2005 年	3.33	1.11	3.17	1.06	4.08	1.36	4.68	1.56
	2010 年	3.71	0.08	3.46	0.06	4.44	0.12	5.13	0.15
	2020 年	3.86	0.02	3.58	0.01	4.76	0.03	5.65	0.05
	2030 年	3.94	0.01	3.63	0.005	4.99	0.02	5.98	0.03
	最大降深值	6.69		6.22		7.83		8.92	
黑山湖 1 号孔	2005 年	2.79	0.93	2.50	0.83	3.48	1.16	3.63	1.21
	2010 年	3.41	0.12	3.01	0.10	4.35	0.29	5.73	0.42
	2020 年	3.67	0.03	3.14	0.01	6.48	0.21	8.73	0.30
	2030 年	3.82	0.02	3.28	0.005	7.8	0.13	10.97	0.22
	最大降深值	7.58		5.91		15.67		20.84	

表 4-14 表明，由于水源地的开采量增大，在 III、IV 方案中的水位降深值，特别是在黑山湖水源地地下水的降落漏斗中心，水位将下降 15～20m 以上，会形成显著的降落漏斗，面积将扩大到 20～30km²，并且不稳定，会使许多泉群完全消失。3 个水源地的降落漏斗连成一体出现整体下降的趋势，是否会引起对区域生态环境的影响，以及地下水位不可逆的恢复，有待于进一步预测和观测。

4.4.2.2 各水源地允许开采量的分配

根据上述因为供水量增大对各水源地设计的新的开采方案，并对各设计方案进行优化对比，认为第一方案比较合适。第一方案的开采时段为 2003 ~ 2030 年，运行时间为 28 年。开采量的分配方案如下：

（1）允许开采量和降深值。设计地下水的总开采量为 27.648 万立方米/d（3.20m³/s），其中：

1）北大河水源地为 20.369 万立方米/s（1.2m³/s）；

2）嘉峪关水源地为 6.910 万立方米/d（0.80m³/s）；

3）黑山湖水源地为 20.369 万立方米/d（1.2m³/s）。

其他水源地和开采井（如市傍河水源地和火车站水源地等）开采量不变，维持原生产计划。

各水源地开采量的增加实质是通过水位降深值的增加才能达到，水位降深的增大会引起降落漏斗的扩大，以致引起一系列的问题。

合理的水位降深值是由非稳定流干扰法和有限元法计算得到，计算结果见表 4 – 15。

表 4 – 15　合理的水位降深值的确定

水源地	计 算 方 法						存在问题
	非稳定流干扰法			有限元法			
	正常水位降深值/m	抽水井最大降深值/m	降速/m·a⁻¹	正常水位降深值/m	漏斗最大降深值/m	降速/m·a⁻¹	
北大河	5.95	8.76	0.02 ~ 0.03（2011 ~ 2030 年）	5.69 ~ 8.37	8.55	0.068（2011 ~ 2030 年）	至 2030 年年水位降幅 1 ~ 3m，使河谷泉群消失
嘉峪关	3.94	6.69	0.01 ~ 0.08（2006 ~ 2030 年）	3.72 ~ 6.24	6.74	0.041（2011 ~ 2030 年）	至 2030 年年水位降幅 2 ~ 3m，使大部分泉消失
黑山湖	3.82	7.58	0.02 ~ 0.03（2011 ~ 2030 年）	2.93 ~ 7.33	7.68	0.042（2011 ~ 2030 年）	至 2030 年年水位降幅 1 ~ 2m，使水关峡泉水量减少 80%

（2）第一开采方案的有利因素。甘肃地质工程勘察院提交的《水源地地下

水资源勘查评价报告》中采用第一开采方案作出的结论性意见是，"综上所述，勘查区各水源地总计按 27.648 万立方米/d（3.20m³/s）开采至 2030 年，开采区最大水位降深小于设计允许降深 12m，并均已形成稳定的降落漏斗，由此引起的泉水溢出量减少对酒泉西盆地生态环境基本无影响，对现有的市傍河水源地、火车站水源地和双泉水源地影响甚微。因此酒钢水源地地下水 27.648 万立方米/d（3.20m³/s）的开采量在技术上可行，经济上合理，完全满足 B 级允许开采量的精度要求"。

除上述勘查报告中的结论性意见以外，采用第一开采方案还具有以下有利因素：

（1）在勘查中经干扰抽水试验证实，开采井和各水源地之间水位干扰系数为 0.068；平均涌水量干扰系数为 0.067；群孔抽水总干扰系数为 0.067。说明地下水资源丰富，各开采井之间几乎无干扰。

（2）经水文地质勘查预测，当酒钢水源地开采运行至 2030 年时，其邻近的傍河水源地水位降深将达到 5~7m，火车站水源地水位降深达到 6~8m，均小于12m。因此不会引起这两个水源地开采量的减少，只是水位降深值略有增大而已，但仍在允许降深值范围之内。

（3）酒钢 3 个水源地均处于酒泉西盆地地下水的排泄区，含水层厚度大，平均为 40~120m，因此含水层的地下水储存量和补给量均较大，并且补给量稳定，受季节性和多年影响小，使水源地开采有充足的水量保证。

（4）水源地所在的酒泉西盆地多年平均地下水天然补给量达 2.7682 亿立方米/a（8.78m³/s），至 2030 年 3 个水源地的开采量将控制在 3.20m³/s，故补给量远大于开采量，仅占 36.5%。在这种情况下，酒钢水源地开采量的增大不会引起地下水盆地各种水文要素的不可逆影响，并且从水资源上也给嘉峪关市的需水量和酒泉东盆地的地下水补给留有余地。

（5）根据水文地质勘查中对水源地开采量的预测模型预测，3 个水源地的总开采量为 27.648 万立方米/d 时，并将该水量分配给北大河（10.37 万立方米/d）、嘉峪关（6.91 万立方米/d）和黑山湖（10.37 万立方米/d）水源地，与该分配水量对应的开采井的水位降深值分别为 5.7~8.4m、3.7~6.2m 和 3.0~7.3m。而水源地降落漏斗中心的最大水位降深分别为 8.55m、6.74m 和 7.7m，远小于设计水位降深 12.0m。因此，酒钢 3 个水源地的开采量的增大是有保障的，水资源量可以满足 B 级允许开采量的精度要求。

鉴于上述的第一开采方案存在许多有利因素，酒钢产品结构调整规划和生产规模扩大对需水量的要求，可以按第一开采方案对各水源地制定生产计划。

4.5 对地下水资源合理利用的建议

本章一开始就提出了如何对宝贵的地下水资源合理利用的问题，这对既缺水又要大力开发的大西北显得格外重要。为此提出以下建议,供我国大西北经济开发和建设中的水资源合理利用参考。

(1) 地下水资源要优先用于饮用水供应。人的生存离不开水,特别是最适合人饮用的地下水。嘉峪关地区的酒泉西和酒泉东盆地赋存丰富的地下水,水质又特别好(为Ⅰ类和Ⅱ类水质),特别适用于城市供水。当前除嘉峪关市和酒泉市的城市饮用水取用地下水以外,大部分地下水都被酒泉钢铁公司作为生产用水。开采地下水的水源地都位于酒泉西盆地,开采的地下水量仅为补给量的1/5~2/5,酒泉西地下水盆地的水资源量仍有开采潜力。

酒泉东盆地的地下水由于埋藏较深,一般水位埋深在50m以上,故当前还没有全面开发。据勘探资料证实,它的储存量和补给量都比酒泉西盆地大,几乎大1倍以上。它可成为缺水的大西北的后备水仓,将为大西北的开发和建设发挥重要作用。优先用于饮用水供应可采取如下措施:

1) 近邻周边城市的供水。位于嘉峪关周边的城市和乡村可用管路或罐车获取来自酒泉西盆地的地下水,短期内会出现成本较高的问题,长期使用下去既可解决缺水问题,又可使供水费用降低。如果用水量大时,可采取铁路运输运水的罐车。

2) 开展远程供水。像兰州、乌鲁木齐这样的大城市如果饮用水不足,可以采取远程供水的方式获取来自酒泉盆地的地下水,正如当前的南水北调工程一样,修建远程供水管路解决饮用水的供应,这对保证人类的生存健康有重大意义。利用远程供水的方式解决缺水问题,会对大西北的开发发挥重大作用,是国家或地区的发展规划必须考虑的问题。

(2) 酒钢的发展建设需要的水资源应逐步地转变为地表水。为了支持酒泉盆地的地下水优先用于饮用水供应,在酒钢的发展规划中至2030年的需水量计划为27.648万立方米/d (3.20m³/s),这是相当大的用水量,这部分水除作为饮用水外,大部分为生产用水。如果都采用地下水,则酒泉西盆地的地下水补给量的1/2会被消耗掉,这种情况对饮用水供应有很大的侵害,故建议酒钢的生产用水要逐步改变为地表水。

境内北大河的水量很丰富,水质也很好,可以满足酒钢生产的需要。如建设几座水库在汛期储水备用,缺水期可动用水库里的水,这样既解决了生产用水又节省了地下水。酒钢要为西部大开发节水作大贡献。

(3) 农业也要节约使用地下水。该地区农业灌溉主要利用北大河和白杨河等河流的水。在远离河流的地方,特别是地下水埋藏浅的地区,也有用地下水灌溉的农业,且用量很大。故建议农业也要尽量用地表水,或酒钢生产后的废水经处理后的中水,这部分水量很大,水质也符合要求,作为灌溉用水没有问题。

(4) 针对当前的用水现状,为全面合理的利用地下水资源和开采地下水提出如下建议：

1）如果酒钢3个水源地按第一开采方案开采时，应严格控制降深值，不能因开采井的降深值增大使泉水溢出量减少或消失。减少或消失的泉水量变成开采量，是能源的巨大浪费。酒泉西盆地泉水的总溢出量达1.433m³/s，相当于1个水源地的开采量。如果把泉水的溢出量直接引、截利用，水源地不必增大开采量就可满足需求。泉水的消失不但会影响自然景观，也会引起泉水周边的生态环境变化，因此建议要保护泉群的存在并合理的利用泉水溢出量。

2）为了避免酒泉西泉群的消失，应在水源地与泉群之间布设地下水动态长期观测站，在地下水动态监测的前提下，控制水源地的地下水降落漏斗向泉群扩展，调节开采井的水位降深值，防止降落漏斗扩大。

3）应该根据地下水动态的长期观测资料，调节三个水源地的开采量。降落漏斗边界距离泉群较远的水源地，可以增大其降深值来提高开采量。在合理的降深值调控下，既能保证足够的开采量不影响酒钢的需水量，还能保护泉群和周边的自然生态环境，这对荒凉的大西北就太有意义了。

4）在合理利用地下水资源的前提下，酒泉西盆地地下水资源除了要满足酒钢和城市发展的用水需要外，还要保持一定的地下径流量补给酒泉东盆地，酒泉东盆地是最好的后备地下水储存资源。

4.6　对地下水资源的保护

酒泉西盆地地下水水量足、水质好是因为它独特的水文地质条件。水量充足独具的两个有利条件，其一是含水层厚度大，组成物质的颗粒粗，孔隙率大，渗透性强，渗透系数达200～300m³/d；其二是有充足的补给来源，即祁连山长年不断的融雪融冰补给。水质好的有利因素是地下水位埋深大，水源地地下水静水位一般深达20～30m，动水位一般为30～40m。在这种条件下，地表污染物不易渗透到地下水体中造成地下水污染，而且岩土层也具有一定的降解能力和一定的保护作用。

为了保护酒泉西盆地这种珍贵的地下水资源，提出如下保护建议：

（1）加强对水源地的保护。在勘查报告中已提到，要根据《饮用水源保护区污染防治管理规定》对水源地进行分级分区保护，设置3级保护带，并采取一定的保护措施并作一系列的具体规定。应按相关规范和标准对水源地进行保护，这里不再详述。

（2）加强对泉群的保护。酒泉西盆地在山谷和河谷中有许多泉群出露，不仅可以直接利用水资源，又能增强地方的生态景观。因此对泉群的保护是十分重要的，也应与地下水水源地一样按相关规范和标准进行保护，在泉群周围设置保护区或保护带，以便控制各种污染危害。

（3）加强对酒泉西地下水盆地的保护。对水源地和泉群的保护都有相关规范和标准可依，而对酒泉西地下水盆地的保护，主要考虑酒泉西地下水盆地独具的水文地质特征。地下水位的埋深大可使其长期保持良好水质，应利用这种有利条件，按地下水位的埋深确定地下水盆地的保护范围（见图4-11），也应设立3个保护带，并作如下划分：

Ⅰ带：Ⅰ带的保护范围应是地下水位埋深小于20m的范围。在该范围内，应杜绝污水、废物处理设施、工厂及有危险废物产生的企业和手工业存在。禁止一切可能危害地下水的设施、行为和过程的存在。

Ⅱ带：水位埋深20~50m。禁止污水明渠通过；禁止农田用污水灌溉；禁止对农作物施用过量的化肥与农药；消除一切面污染源；禁止建设环卫设施和排渣场。

Ⅲ带：水位埋深50~100m。该带主要防止矿产勘探，例如石油勘探、地质、水文地质与工程地质勘查施工的钻孔，如果封孔不好，就会人为地将地面的污染

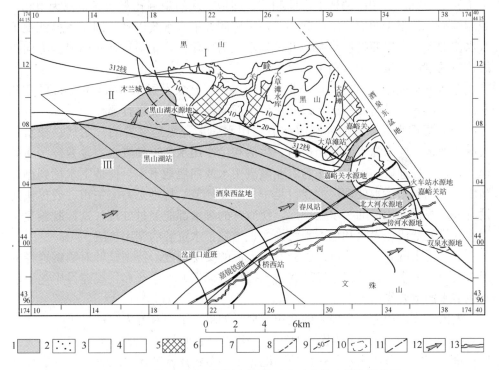

图4-11 按地下水埋深划定酒泉西地下水盆地保护带范围

1—单井涌水量>10000m³/d；2—单井涌水量5000~10000m³/d；3—单井涌水量2000~5000m³/d；

4—单井涌水量<2000m³/d；5—第四系透水不含水地段；6—碎屑岩类裂隙孔隙水；

7—基岩裂隙水；8—富水性界线；9—地下水水位埋深等值线（m）；10—水源地范围；

11—隐伏断层；12—地下水流向；13—河流及流向

物导入地下污染地下水。因此，当勘查结束后，在该带施工的所有钻孔都必须进行封堵，最好用黏土封堵。特别是那些穿过含水层的钻孔，当套管在含水层以上时，应边封堵边起出套管，防止一切可能的地下水间接污染。

（4）加强对地下水水质的保护。当前中国许多城市的地下水都遭受了不同程度的污染，水质变差，甚至不能饮用，严重的破坏了地下水资源，造成水资源不足，对工农业发展的影响成为目前我国面临的重要问题。

酒泉西地下水盆地由于独具水位埋深大的有利因素，水质普遍良好，至目前没有任何离子或其他水质项目超标，达到Ⅰ或Ⅱ类水质标准。如果要长期保持这种良好的地下水水质状态，就要在工农业发展和西部大开发的过程中注意加强地下水水质的保护力度。

前面提到的几项地下水保护措施，实质上都是针对地下水水质保护而谈的，这里所提的地下水水质保护，主要是通过水质监测达到的。特别要强调的是，应建立地下水水质和动态的监测网。建议在地下水位埋深20m之内（上面提到的Ⅰ带）建100m×100m的地下水监测网，即地下水的观测孔距和线距都为100m。观测频率每月至少两次。这些观测孔除了监测地下水水质以外，同时也监测地下水水位的动态，以便控制水源地开采动水位的变化，防止降落漏斗向泉群方向扩展造成的泉群水量减少或消失。

在地下水埋深为20～50m（Ⅱ带）范围内，建议设置1000m×1000m的监测网，每月或6个月监测一次，以便对较深部的地下水水质进行测控。

（5）提倡水资源的循环利用和节约用水。水资源是宝贵的，尤其在缺水的大西北地区，要增强水的利用价值。生活和生产用水产生的废水一定要经污水处理厂处理，处理后的中水应作为农业灌溉用水或回灌地下水，使地下水达到循环利用。因此城市污水处理厂的建设是一个重要环节。特别是嘉峪关市，要尽快建设有一定规模并达标的污水处理厂，使所有的废水都能经过处理，这样既避免了污水乱排放造成地表水和地下水污染，也增强了水资源的利用价值。

节约用水既有经济价值，也会增强人民的文明程度。特别是针对酒钢这样的用水大户，节水应是它工艺发展和技术提高的标识，在生产和发展建设中绝不能忽视节水的重要作用。

人人节水应成为一个地方的文明习惯。如果一个一百万人口的城市，每人每天节约1L水，一天就可以节约1kt水，这是一个小型水源地一个生产井一天的抽水量。因此，节约用水的作用绝不能忽视，节约用水的潜力很大，应在媒体上广泛宣传，经常开展节约用水活动。

5 关于地下水的合理利用与
保护问题的探讨

全世界都公认地下水是人类最好的饮用水源，美国50%以上的人口用地下水作为饮用水源，欧洲国家中将地下水用于饮用水供应的人口，在法国为65%，在德国为72%，在瑞士为84%，在奥地利则超过90%以上。除此之外，许多国家工农业生产也利用地下水，以及更广泛的应用于各行各业。地下水在利用中会出现许多问题，最常见的是过量开采地下水引起的地面沉降和海水入侵问题，以及地下水位下降引起的植被和陆地生态系统的改变问题等等。

由于工农业的发展和人类活动造成的地下水污染，在全世界是普遍存在的，特别是在工业化国家，地下水污染已成为一个关键性的环境问题。这些问题已引起全世界各个国家的关注，都在积极的采取各种措施和技术方法，解决地下水使用中出现的问题，避免污染和污染治理等。特别针对地下水的合理利用和保护进行了深入的研究和探讨。下面对某些国家、地区的地下水保护方法和战略作初步介绍，以供我国在地下水保护方面参考。

5.1 美国地下水保护的战略

5.1.1 地下水的利用现状

美国一半以上的人口的饮用水靠地下水供应，68%的州把地下水作为主要饮用水源，其中5个州90%以上人口将地下水作为饮用水。除此之外，美国的一些农业州，约25个州的农业灌溉用水的80%是地下水，农民的饮用水几乎100%是地下水。由此看来，地下水在美国有广泛的应用。

5.1.2 地下水的污染现状

经大量的检测资料证实，地下水的主要污染源是地下贮罐（石油罐和有害物质贮罐）和化粪池这两种最普遍的一级污染源。美国各州存在16种主要污染源（见表5-1），三大类主要污染物，即（1）生物有机质污染物（污水、化粪池等）；（2）无机化学污染物；（3）有机化学污染物（见表5-2）。据52个州地下水水质资料报告，其中46个州（占89%）都确定了不良的化粪池是地下水污染的主要污染源，故化粪池对地下水的污染是普遍问题。因此，许多州对化粪池的管理都提出了新的方案和修改方案。

表 5-1 各州的地下水主要污染源

污染源种类	各州提供的污染源数目	污染源的百分比/%	一级污染源数目
化粪池	46	89	9
地下贮罐	43	83	13
农业活动	41	79	6
工业废物填埋场	34	65	5
地表蓄水	33	64	2
市镇垃圾填埋场	32	62	1
陈旧工业场地	29	56	3
油气站水井	22	42	2
海水入侵	19	37	4
其他废物填埋场	18	35	0
道路撒盐	16	31	1
土地使用污泥	12	23	0
法定的废物堆场	12	21	1
采砂活动	11	21	1
地下灌注井（废水灌注）	9	17	0
建设活动	2	4	0

表 5-2 各州的地下水主要污染物

污 染 物	数 量	所占百分比/%
污水	46	89
无机化学品		
硝酸盐	42	75
盐咸浓度	36	69
砷	19	37
氯化物	18	35
硫化物	7	14
有机化学品		
合成化学品	37	71
挥发性化学品	36	69
重金属	34	65
农药	31	60
石油	21	40
放射性废物	12	23

美国大部分地区，从地下贮罐泄漏的石油产品和溶液是地下水污染的另一主要污染源，其中43个州（占83％）报告这是他们地区的第二大污染源，11个州已把它列为第一大污染源。

另一个大规模的污染源是由农业活动产生的，包括肥料、农药和动物饲养场。

其他的污染源有工业废物填埋场、地表蓄水（小型地表水体如池、塘等），城镇垃圾填埋场、陈旧工业场地以及入侵的海水。

5.1.3　地下水保护的战略

美国地下水保护战略是一个庞大的规划，该战略特别强调的是国家、州及地方各级政府给予的长时间的支持和重视，特别是在财力和人力方面的支持。美国环保局地下水保护办公室于20世纪80年代初开始工作，首先着手制定地下水保护规划，以及拟定各州的地下水保护规划，并付诸实施。

美国地下水保护战略主要有以下5个方面的内容：

（1）建立和加强州级的地下水保护机构。在州和地方环保局成立地下水保护机构，并在州计划之外提供资金，解决地下水污染问题和对地下水污染的防治问题。

（2）处理和控制污染源。首先着手解决联邦法律未涉及的地下水污染源，如地下储罐、化粪池等一级污染源。控制农药的使用，避免对地下水进一步的污染。

（3）颁发地下水保护和净化指南。根据地下水资源的用途，美国将地下水分为三类并分别确定保护准则。

1）一级地下水：是首先保护的地下水资源，是具有重要价值的不可取代的饮用水源，而且是敏感生态系统的供水水源。该区域要禁止使用农药，污染物净化必须达到本底标准或饮用水标准。

2）二级地下水：包括饮用水源的地下水和有益用途的地下水。在该区内，污染物处理设施必须净化达到本底水平或饮用水标准，在保证人体健康及环境许可时可适当放宽净化标准。

3）三级地下水：指受自然或人为污染而不能作为饮用水的地下水资源，不需要格外保护。但必须控制污染浓度升高，避免对相邻地下水的污染。

（4）强化和健全环保局的地下水保护机构。美国环保局地下水保护办公室是领导和协调全国地下水保护工作的专业办公室。它的工作包括制定美国环保局的地下水保护战略和规划以及地下水工作指南，协调美国环保局计划办公室的工作和相关活动，建立与美国环保局其他部门业务协作关系。在环境保护局总部、危险废物监督委员会、危险响应监督委员会、研究和发展监督委员会和杀虫剂及有毒物品监督委员会的指导下，促进地下水保护战略的实现。

（5）美国地下水保护的前景。地下水资源是一个国家所有资源的重要组成部分，地下水保护受到社会、经济和环境部门的关注。美国针对地下水的保护，还在着手以下问题的研究：

1）对地下水知识和保护经验的积累，包括地质和水文地质学，以及地球化学方面；

2）总结以往水和废物管理经验；

3）应用水文地质学理论预测和评价地下水、地球化学和地质结构应力对地下水系统的影响；

4）地下水对人口、经济和社会发展的影响。

5.2　欧盟国家对地下水保护的对策

本书第二章介绍了德国巴伐利亚州的地下水合理利用与保护的成熟经验，基本上可代表欧洲国家对地下水保护和利用的概况。欧盟国家特别重视对地下水的合理利用和保护，早在 20 世纪 70 年代就开始制定有关地表水、地下水、居民饮用水、废水排放等一系列的管理规定。

欧盟对地下水的合理利用和保护主要靠法规的力度，这是它在管理上独有的特点，下面介绍两项关于地表水和地下水比较有效的管理法规。

5.2.1　欧盟地表水和地下水保护的管理法规框架建议

为了加强对欧洲水生态系统的保护，合理开发有限的水资源，加强水资源的协调管理，确保 21 世纪欧洲有足够数量和质量的水的可持续供应，欧盟各成员国必须有一个关于水资源管理的共同法规。为此，欧盟委员会制定了"地表水和地下水保护的管理法规框架建议"，该"建议"于 1997 年 2 月 25 日提交欧洲议会讨论审批，并付诸实施。

该"建议"的宗旨是，着眼于 21 世纪欧洲有足够的水源供应，至 2010 年，地表水和地下水源保持良好状态，生物和生态系统不受侵害。主要内容如下：

（1）水文、地理、河流域的管理计划。欧盟各国应按国土的水文和地理特征，以河流域为管理水资源（包括地下水在内）的基层单位，并根据"建议"的要求制定水资源管理的计划和实施措施，授权地方政府监督和协调各河流域单元实施的管理计划。

（2）水源保护区。建立水源保护区，应设立地下水水源保护带，包括居民饮用水源、水生物、浴场和娱乐用水保护区等，制订监督水源质量和化学物质含量的措施。

（3）确定水质和水量目标。水量目标是，确保到 2010 年欧洲的经济活动和社会生活有足够数量的水的供应，而且取水不能破坏生物及生态系统。水质目标是，供应水中的化学物质、有机物、重金属、有毒有机物、悬浮物质等必须符合欧盟各成员国和各地区的水质指标。

（4）水价。制定不同用户的不同水价，对水资源管理是十分重要的。应制定出各成员国的生活、工业和农业用水的不同水价。并对排放污水的单位收取损害环境的赔偿费。

5.2.2 欧洲水框架指令

2000 年 12 月颁布的欧洲水框架指令的宗旨：

（1）至 2015 年，安全的获得地下水一个好的水质状态，在区域水平衡上确保饮用水供应及其生态功能的安全，防止过量开采地下水；

（2）监测人类活动对环境的影响；

（3）防止和限制有害物质进入地下水；

（4）立即回转有害物质浓度的显著增大和持续不断的增大趋势，并减缓污染进度；

（5）掌握保护区内的地下水状态和所有危害，并要定期监测；

（6）地下水体的地质和水文地质条件及现有污染的治理都取决于地下水保护要达到的目标；

（7）流域的经营计划和项目措施由国家制定或有国家参加实施。

本书第二章的资料证实，上述的两个欧盟法规经近年来的实施，对地下水的保护特别有成效。

5.3 英国地下水的保护

英国是一个岛国，淡水资源较少，故地下水资源的保护很受重视，是英国自然资源保护工作的重要部分。英国几乎和欧盟国家一样，对地下水的保护主要靠保护机构和法规，具体保护工作由保护机构以法规为准则进行监督执行。

（1）地下水保护机构与相关法规。英国的水资源（包括地下水）是按地区划分的，英格兰和威尔士的管理机构是国家河流管理局，英格兰和北爱尔兰的管理机构分别是水务局和环保部。这些保护机构的共同职责是保护地下水的水质及水量，协助政府有关部门控制地下水的污染，参与有关地下水保护的规划的决策和咨询指导，编制地下水保护的相关资料和图集。

（2）与地下水保护有关的法规。为了保护地下水，也为了使工作有法可依，顺利进行，在不同时间发布了如下法规：

1）欧共体 80/68 号地下水保护法令。该法令把地下水的污染物划分为两大类，一类物质为不允许直接或间接进入地下水的物质，二类物质为被限制进入的物质。

2）1974 年颁布的污染控制法。该法令主要涉及向地面倾倒废物的问题，执法单位为国家废物管理局，监督单位为国家河流管理局。如果废物管理局发放的废物倾倒许可证不符合保护地下水的要求，河流管理局可请主管大臣宣布许可证无效。

3）1990 年发布的环境保护法。法令的第一部分重申欧共体 80/68 号法令并给予补充。第二部分与 1974 年的污染控制法大体相同，又重新规定了废物倾倒的许可证制度。

4）1991 年发布的水资源法。该法令有权对直接或间接向地下水源排放的工业和其他各类污水进行管理，对地下水污染进行处理，以及对地下水的不合理开采实行管制。

5）1991 年发布的工业法。该法制定了 1991 年的私人供水公司的供水条例，主要涉及水质监测问题。

6）1990 年的城市与乡村规划法和 1991 年的规划与赔偿法。许多开发项目（居民区建设、工厂和化学品储存设施的建设、采矿等）都有可能对地下水造成侵害，故在制定建设规划时必须考虑地下水的保护，听从地下水管理与保护机构的意见。

（3）地下水的保护工作。

1）地下水的污染和污染源调查。要查清污染原因和污染物。对地下水有危害和影响的活动，主要有废物处理与处置、某些工业活动、向土地施放污水和污泥、向地层排放废物（污水处理厂和垃圾填埋场排放废水等）、农业污染、城乡的污水排放、过量开采地下水、海水入侵、采矿活动以及公路、铁路、隧道（城市地铁）对地下水的影响。

2）设立地下水水源地保护带。地下水开发的水源地都要用"三带"来保护，尽量避免在水源开采区内出现地下水的污染。

3）地下水的保护措施。主要保护措施有：严格限制在水源保护区内建设废物填埋场；严格执行 1988 年发布的废弃物收集与处理条例，减少被污染的土地对地下水的影响；禁止向地下水直接排放欧共体 80/68 号条例的一类物质，限制向地下水排放二类物质；控制农业施肥、农药等对地下水的污染；对地下水开采实行许可证制度，严格控制超采，减少或消除对地下水含水层和地下水流的干扰和破坏，如在含水层中建设隧道和城市地下铁道；严格限制采矿对含水层的疏干和无限制的排除地下水；对各类破坏地下水的行为实行罚款制度。

5.4 前苏联面对采矿对地下水影响的保护

煤矿床和金属矿床的开采对地下水的影响严重，甚至是恶劣的。当煤层或矿石层之上有地下水含水层时，一般要将地下水排除或将含水层疏干才能保证采矿安全。特别是20世纪70年代之前，采矿部门没有把地下水当作资源看待，为了采矿利益任意地抽取和污染地下水，没有任何保护措施。前苏联曾针对采矿对地下水的影响，加强了对地下水的保护，将矿山企业分为三大类，按影响程度提出了不同的保护措施。

（1）A类矿山企业。有代表性的矿山是库尔斯克磁铁矿区的列别金斯克矿山和斯托依林斯克采选公司的矿山，这类矿山的开采对地下水资源的影响较小，消耗的地下水储量可由地下水的补给恢复。

这类矿山采矿规模小，并采用磁法选矿，故不排放选矿污水。矿山排水可用于居民区的供水，因此，针对这类矿山对地下水的轻微影响可不必采取治理措施。

（2）B类矿山企业。这类矿山对地下水有显著影响，其特点是采用浮选方法选矿，选矿废水的有害物质浓度严重超标，对地下水含水层有强烈侵害，会使地下水矿化度严重升高（可达$3g/L$）。代表性矿床有雅克夫列夫和米哈依洛夫铁矿床。这类矿床在开采时，要对地下水进行疏干排水，水质好的部分可以作居民饮用水使用。

矿山排水如果用于浮选用水，用后的工业废水会对地下水造成严重污染。当不能立即对选矿废水进行净化处理时，要修建封闭的水库把这些选矿水储存起来，避免渗入到地下污染地下水。

（3）C类矿山企业。这类矿山企业是开采量大的大型露天铁矿或井工开采的煤矿，矿井排水降低地下水位会导致地下水疏干或含水层枯竭。例如，科尔舒诺夫铁矿床的开采破坏了地下水的天然均衡条件，当进行深部开采时，矿井排水形成大面积区域性的地下水降落漏斗，对地下水的影响是不可逆的。这种采矿方式在中国也有很多，国家必须制定强制性的法规制止这种开采方式。

综上所述，金属矿床和煤矿开采对地下水的影响是巨大的，矿产和地下水都是宝贵的天然资源，过去在环境保护不受重视的情况下，往往为了得到矿产资源而牺牲了地下水资源。为了开采矿产或保证采矿安全，必须疏干矿床内的地下水，造成地下水资源很大的浪费，采矿生产也对地下水造成强烈的污染。当今一定要转变这种不良开采方式，采矿要与地下水保护协调起来，采矿设计要认真考虑地下水保护问题，要利用法规限制对地下水有严重影响的金属或煤矿床的开采，要么滞后开采，要么取得地下水保护许可证之后才能开采。

5.5　中国当前地下水保护概况

中国地域较大，地质与水文地质条件复杂，故各区域地下水的贮存条件、利用现状以及保护措施都不同。根据掌握的资料，以辽宁省和山东省为例，简单介绍当前两省的地下水保护工作情况。

5.5.1 辽宁省地下水保护的工程措施

辽宁省于 2003 年出台了《辽宁省地下水资源的保护条例》，随后又制定了《辽宁省地下水保护行动计划》，现已实施。该计划大力加速实现以采补平衡为中心，立足于地下水与地表水资源的合理配置，建设节水防污型城市为两个基本点，双管齐下。当前这个行动计划已取得了显著效果，水利部专家评审委员会给予了高度评价："该计划坚持开源节流与保护并举，综合治理的原则，根据省情合理确定的节约用水、节流优先、地表水与地下水优化配置、管理与保护并重、标本兼治、封井限采、替代水源、人工回灌及河水处理回用等必要的工程措施，符合实际，可操作性强"。该评语全面概括了辽宁省对地下水保护的行动和已取得的效果，值得其他省学习和借鉴。辽宁省地下水的利用程度较高，地下水保护主要针对近年来出现的地下水过量开采、地下水位持续下降、形成的地下水降落漏斗过大、地下水污染、海水入侵及土壤沙化等一系列的生态环境问题，采取了一些地下水保护的工程措施。

（1）替代水源的工程措施。为了削减超采水源地的负担，可以建设新水源地或用地表水水源替代，这样可以使超采水源地得到治理，降落漏斗缩小，降深值降低，地下水水源地出现正常的开采状态。

当前辽宁省主要替代水源工程有 11 项，见表 5 - 3，有的工程已完成，部分工程还在施工中。

表 5 - 3 辽宁省地下水超采区替代工程计划

序号	工程名称	使用城市	引用水源	工程规模/万立方米·d^{-1}	可供水量/亿立方米·a^{-1}，万立方米·d^{-1}	完成时间
1	大伙房输水工程Ⅱ期	抚顺，沈阳，辽阳，鞍山，营口，盘锦	地表水	328	11.97，328	2015 年
2	石佛寺水库水源工程	沈阳市	地表水	20	0.73，20	2010 年
3	引洋入连一期工程	大连市	由大洋河引水	96	3.5，96	2015 年
4	引细入鞍工程	鞍山市	引用细河阳河的水	15	0.55，15	2010 年

续表 5-3

序号	工程名称	使用城市	引用水源	工程规模 /万立方米·d⁻¹	可供水量 /亿立方米·a⁻¹, 万立方米·d⁻¹	完成时间
5	锦凌水库	锦州市	引入小凌河水	31	1.13, 31	2010 年
6	玉石水库	营口市	地表水	12.6	0.46, 12.6	已有工程
7	青山水库	葫芦岛市	引六股河水	20	0.73, 20	2010 年
8	三湾水利枢纽	丹东市	爱河流域地表水	9	0.33, 9	2010 年
9	阎王鼻子水库供水工程	朝阳市	引用大凌河水	18.7	0.68, 18.7	2010 年
10	引白水源工程 I 期	阜新市	引用白石水库	16.5	0.6, 16.5	2010 年
11	关山 II 期水库	抚顺市	引用东丹河支流的水	5.5	0.2, 5.5	已有工程

除表 5-3 列出的替代水源工程以外，该省还进行了自来水管网改造和联接工程，该工程至 2010 年末可替代地下水开采量 5239 万立方米/a（14.35 万立方米/d）。其中可替代超采的地下水开采量达 434 万立方米/a，替代城区供水管网区地下水开采量 3275 万立方米/a，替代县区公共供水管网地下水开采量 1530 万立方米/a，这些工程对地下水保护和超采的缓解起到了重要作用，取得了明显的经济效益。

用地表水替代地下水解决供水问题虽然是一个理想的工程措施，但应注意的是，当前我国部分地区地表水域（河流和水库）水质污染严重，大部分为 IV 和 V 类水质，III 类以上的水质很少见。因此，与此同时又出现了加大力度建设城市污水净化厂和地表水的保护问题。

（2）地下水人工回灌措施。利用净化好的废水和雨水对地下水含水层进行回灌补给已是成熟的技术方法，世界上许多国家都存在地下水回灌解决地下水的补给问题，当前辽宁省的地下水人工回灌工程见表 5-4。

表 5 - 4　地下水超采区人工回灌工程概况

工程名称	实施城市	回灌水源	回灌量 /万立方米·a^{-1}	回灌地区	实施年限
锦州市大、小凌河扇地回灌工程	锦州市	大凌河水	2000	绥丰，博字，新庄子水源区	2000 ~ 2010 年
辽阳绣江回灌工程	辽阳市	太子河水	500	首山地区	2000 ~ 2010 年

（3）海水入侵帷幕注浆稳压回灌区。该工程主要沿海水入侵边界注帷幕截水墙，阻止海水入侵。该工程包括大连市沿海地区海水入侵区的治理工程，葫芦岛市高桥—塔山地下水超采区、五里河超采区、兴城河超采区治理工程等。

（4）地下水监测站、网建设。这是一个极其主要的地下水保护工作，很多信息要从监测工作中得到，特别是超采区的水质和水量变化，以及地下水的长期动态。这也是一个十分重要的基础性工作，地下水保护和治理成效要靠监测数据给出答案。

辽宁省将要布设的区域控制监测站、地表水与地下水转化监测站和生态环境监测站（包括超采区和海浸区在内）共 870 个。其中 188 个是地表水与地下水转化监测站，232 个是生态环境监测站，还有远程供水和自备水源的监测，这些监测站将形成一个大型的水监测网，为地下水的合理利用和保护提供足够的信息。

5.5.2　山东省地下水的开发利用与保护

山东省对地下水的开发利用程度较高，50% 的饮用水靠地下水供应，地下水也是维系良好生态环境的重要因素。近年来，山东省按水利部的要求编制了地下水功能区划和地下水利用与保护规划。

（1）地下水功能区的划分。根据地区的地质与水文地质条件、生态与环境状况、社会经济条件以及对地下水开发利用的需求，将山东省浅层地下水（潜水和微承压水）划分为集中式供水水源区、分散式开发利用区、生态脆弱区、地质危害易发生区、地下水水源涵养区和不宜开采区，共 6 种类型和 238 个地下水功能区，6 种类型的地下水功能区的具体情况见表 5 - 5。

（2）地下水功能区的开发和保护。山东省根据各地地下水功能区的性质对地下水进行合理地开发利用和保护是科学的。为此，要编制出各地地下水功能区的地下水利用和保护方案，方案的基本内容至少要包括地下水合理开发方案，它要确保将来的供水安全和生态环境安全。地下水超采治理方案，应通过替代水源、节约用水和水资源的合理配置等措施，至2020年使超采状况得到控制，达到补排平衡。地下水水质保护方案，主要包括水源地周边和上游的污染治理和限制人为污染源，使地下水水源区和补给区的水质处于良好状态。地下水生态修复方案，针对浅层地下水水位埋深浅的特点，以控制水位降深为原则，保证地下水开采区的地表生态环境良好，避免超采区的地面沉降、海水入侵、土地沙化、湿地萎缩、河道断流及泉水枯竭等生态环境问题出现。因此，地下水功能区的方案至少要包括上述4项内容。山东省地下水功能区不同年度开采程度评价见表5-6。

表5-5 地下水功能区概况

功能区名称	分布地点	功能区数目/个	分布面积/m²	占全省面积的百分比/%	备 注
集中式供水水源区	各类含水层的富水地段	供水水源区129	5400	3.5	
分散式开发利用区	第四纪地层、石灰岩地区	45	85994	54.8	
生态脆弱区	黄河三角洲湿地、南四湖和东平湖	6	2178	1.4	
地质灾害易发区	海水入侵区	16	3936	2.5	包括莱州湾，胶州湾等地河流入海口处
地下水源涵养区	泉水保护区	28	42285	27	岩溶大泉补给区，大型水源地上游区
不宜开采区	矿化度高于2g/L地区	14	16884	10.8	

表5-6 山东省地下水功能区不同年度开采程度评价

年 份	集中式供水水源区	分散式开发利用区	地质危害频发区	地下水水源涵养区
2005年	0.90	0.77	1.06	0.52
2020年	0.90	0.83	0.95	0.52
2030年	0.84	0.81	0.89	0.52

注：开采程度评价是按开采系数 k 值，k = 地下水实际开采量/年均可采量；$k < 0.8$ 为有潜力；$0.8 < k < 1.0$ 为平衡；$1.0 < k < 1.3$ 为一般超采；$k > 1.3$ 为严重超采。

（3）地下水功能区保护方案实施的效果。从表 5-6 可以看出，地下水开采布局更加合理。地下水水位逐步恢复，这表现在沿黄河地带和南四湖以西地区地下水新增开发，水源的水位由原始的埋深小于 2m 增加到最佳埋深 3~4m，使超采区地下水位逐步回升，地下水超采区大幅度减少。山东省当前的地下水超采量达 5.54 亿立方米，超采面积为 15423km²。到 2020 年超采量将降低到 0.77 亿立方米，优于 Ⅰ 类的水面积达 13.8%，Ⅱ 类水面积达 79.95%。到 2030 年将无超采量，地下水水质将明显改变。

5.5.3 中国其他地区的地下水保护

（1）广东省制定地下水开发利用红线。广东省制定的《广东省地下水保护与利用规划》，是为了严格执行地下水取水总量控制制度、取水许可证制度和水资源论证制度，加强对水功能区水位和水质管理，遏制地下水超采，促进全省地下水资源的可持续利用与保护。

《规划》划定湛江市区的硇洲岛、霞山区和赤坎区为全省三个地下水超采区，是地下水资源治理和保护的重点区，也是执行地下水超采区水资源费征收标准的依据。湛江市按《规划》的要求，尽快实现地下水的采补平衡，改善地下水的超采现状和地表生态环境。

在《规划》实施中，首先要划定广东省地下水开发利用红线，进一步保障全省饮用水安全和生态安全，保证区域经济与资源环境协调发展，实现地下水资源的可持续利用。

（2）许昌市地下水保护行动计划。许昌市是我国 30 个严重缺水的城市之一。地表水污染严重，河水多为超 Ⅴ 类水，致使地下水污染严重。地下水超采区在浅层和中深层含水层都形成较大的降落漏斗，使被污染的地下水倒流，更加重了地下水的污染。针对这种情况，许昌市提出以下五种治理和控制地下水污染及保护地下水的方案：

1）改造城市排污状态，完善城市地下排水管网系统，减少污水渗漏，禁止采用渗坑、渗井向地下排污。清除废井，采取开采井的密封等措施根除污染。

2）加快污水处理厂的建设，降低河流的污染负荷，并减轻对地下水的污染。

3）建立水源保护区带，并限制化肥和农药的施用量，禁止污水灌溉。大力发展生态农业，尽快消除农业对地下水的污染。

4）依据"环境保护法"和"水污染防治法"等法规，加大水污染的执法力度，实现达标排放，避免对河流的污染。

5）采用水质较好的地表水补充地下水，加快被污染的地下水的净化，同时加强对地下水质的监测，使地下水质尽快转向良好状态。

（3）抚州市的地下水保护与合理利用。抚州市位于江西省东部，长江中游南岸，境内地表水丰富，地下水主要用于城市饮用水供应，农村大部分都利用地下水作为饮用水。经济发展的同时，不仅用水量增大，排污量也在增大，造成了不同程度的地下水污染。

抚州市对地下水开发保护的有效措施：总体战略为"控源—减污—截流—疏导—修复"，要在管理与监测上加大力度，促进地下水资源的可持续利用。具体措施有：建立新型水资源管理体制，建立以流域为单元的水资源统一管理体系，合理配置水资源，确保各行各业的用水；建立节水型社会，大力推行节约用水；加强对水量和水质的监测，增强监督管理的力度；采取"以防为主，防治结合"的原则，依法防治地下水的污染；以抚河流域为重点，进行污染的全面治理；加强对地下水资源知识的教育，建立节水型经济环境。因为地下水是看不见的，不如地表水那样人人皆知，故应对地下水知识进行普及，提高全民的水环境意识。在中小学课本里和广播电视里要纳入有关地下水知识内容，逐步建立"保护水资源，人人有责"的思想。要加强对水文地质技术人员的培养，增强地下水管理机构的能力。

（4）阜康市对地下水利用与修复的保护措施。阜康市位于我国西北缺水的新疆地区。区内降雨量少，地表水系沟多水少，许多河流被农业利用后，下游已干枯。随着近年来工农业的大力发展和人口的增加，地下水的利用量已增长了一倍多（2010年内从0.815亿立方米/a增至1.759亿立方米/a）。地下水开采已形成大面积的降落漏斗，破坏了本地区的地下水采补平衡。

地下水利用存在的问题：结构不合理，农业占85.9%，工业占7.0%，生活用水量仅为5.7%。违反了地下水的饮用水优先的原则，这是缺水地区地下水资源利用存在的严重问题。农业节水是关键，要尽快通过调整农业的经营结构，把农业用水量降下来。要优化水资源管理体制，新疆地区存在兵团和地方各自为政的管理体制，难以实现对水资源"总量控制，定额管理"的措施，这是造成地下水超采的主要原因。例如，据统计7个乡镇的地下水总超采量达687.4万立方米/a，相当于水磨沟乡的可开采量（693万立方米/a）。

地下水合理开发利用措施与地下水合理开发利用的总体布局是：

1）限制超采区的开采量；

2）近年来地下水可用于缓解农灌区的春季缺水；

3）禁止无序过度开采地下水，严禁超采；

4）多途径增加农民收入，以利于减少农业用水；

5）确定合理的地下水利用工程用水规模和布局。

地下水保护修复措施：对超采区用替代水源来缩减开采量；加强水源地保护区内污水排放的管理，并加强污水净化厂的建设，确保地下水质不受污染；加强地下水动态观测网的建设，根据大量的实际的地下水水质和水量资料进行科学管理。

（5）矿区浅层地下水的污染机理与保护。我国许多煤炭资源都埋藏于巨厚的第四纪富水的松散冲积层之下，煤矿的开采会引起地面沉降并导致地下水含水层的疏干，人们在得到煤炭资源的同时却损失了地下水资源。煤矿经常出现透水和淹井事故，不仅造成严重的人员伤亡，同时也造成严重的地下水污染和含水层的破坏。如果矿区对地下水保护处理得好，煤矿开采的水害事故也可解决，矿井事故是因为对地下水及矿井周围的地表水管理存在漏洞，或在开采设计上忽视了对地下水的防范措施。

当第四系松散冲积层中的含水层之下存在稳定且厚度较大的黏土隔水层时，煤层开采厚度较小时，采煤引起地面沉降，但隔水层并不被破坏，仍会起到原来的隔水作用，这时矿井不会充水，而会在地面沉陷坑里出现积水，这种水实际是由地下水转变成的，在开滦、淮南和淮北等大型矿区都出现过这类地面积水坑。开滦的范各庄矿的这种积水坑最大面积达 $4km^2$，当人们把污水和废物排放到积水坑后，会造成极严重的污染，进而在运移作用下导致地下水的污染。

这类矿区地下水污染的保护措施：

1）加强矿区的环境管理，禁止向积水坑排放污水和垃圾，矿区的废水应处理达标后再排放。

2）及时回填采煤沉陷坑，避免积水，进行土地复垦，应注意不能用污染土充填。

3）要加强对浅层地下水的利用，浅层地下水被利用后，当水位降低到合理的埋深时，也是对地下水保护的合理措施（增大了饱气带地层的厚度）。

（6）防止海水入侵——对地下水保护的"三条红线"。中国海岸线长达18000 多千米，是全世界海岸线较长的国家之一。在岸边长期开采地下水的过程中，如果管理不好，会引起海水入侵，这是沿岸地区经常出现的地下水资源被侵害的现象。例如，渤海湾地区和山东的沿海地区都出现过海水入侵。烟台地区在2010 年进行了全区的海水入侵普查和调查研究，确定以"三条红线"为约束的地下水保护体系，即用水总量控制指标为第一道红线，通过调查和计算确定出合理的地下水开采的总量控制指标，例如烟台地下水利用总量控制指标在 2015 年为 8100 万立方米/a。用水效率控制指标为第二道红线，该指标是以节水为原则，提高用水效率，按 GDP 产值来确定用水量，特别对农业节水灌溉率给以限制。第三道红线是水功能区纳污控制指标，用该指标严格控制入河排污总量，保障水生生态环境的安全。对境内的每条河流都给出在 2015 年的 COD 和氨氮的总量。

地下水的保护工程措施，针对烟台市舌状海水入侵方式，采取"上游建库调控蓄水，中游打井拦蓄补源，下游建坝截流阻侵，多源联合调度"的管理战略。

（7）地下水保护与公众参与制度。地下水保护问题虽然是国家和各级政府的重要任务，但更需要的是公众的保护行动，因此地下水保护要靠公众参与来实现。在环境保护法中有公众参与的规定，但公众参与环境和自然资源保护，不仅仅是我国"宪法"的明确要求，更是每一个公众的基本义务。人类既是优良环境的维护者，又是恶劣环境的制造者。从环境保护法的角度来看，公众参与制度主要包括三方面的内容：一是信息知情权；二是环境监督权；三是意见发表权。

国外的地下水保护的公众参与制度值得我们借鉴，许多国家专门立法对地下水资源进行保护，例如韩国 1994 年发布的《地下水法》，以色列 1955 年发布的《水井控制法》，英国于 1998 年发布的《地下水管理条例》等。在这些保护规定中到处可见公众参与的要求。欧盟国家强调公众参与基于两方面原因，一方面是河流域管理涉及面广，还存在跨国问题时，需要居民、利益相关团体和非政府组织的广泛参与。另一方面，制定的标准和措施越透明，越易执行，公众的环境保护作用越大。在欧盟的《欧盟地下水指令》和《欧盟水框架指令》中有许多关于公众参与的条款。

《澳大利亚国家改善地下水管理框架》中规定，"加强地下水的咨询和教育机制，增强公众对地下水的价值和地下水超采危害的认识"，以法律的方式明确了地下水保护对公众教育的重要性。《澳大利亚地下水保护指南》提出了三种干预和参与地下水保护的方式，即执行政府指令的方式、市场和经济刺激的方式及公众参与的方式。

在许多法规中都能见到美国、德国和加拿大等国在地下水保护中的公众参与制度或法规，并且很多地下水的保护问题要靠公众参与来解决。

我国地下水资源保护的公众参与制度也要逐渐完善，目前我国环境保护领域的公众参与还没有到位，要尽快加强。因为在地下水保护领域公众参与涉及面很广，包括立法、政府规划、水权交易、水井建设及地下水保护教育等。故本文作者对我国地下水资源保护中的公众参与制度提出以下几条建议：

1）相关立法中要明确规定公众参与权；

2）保障公众的环境知情权；

3）完善公众参与的程序；

4）加强法律宣传教育，提高公众参与意识；

5）重视民间力量的介入，掀起公众参与的热情。

面对我国当前落后的地下水资源保护状态，要通过公众参与加以改善。所谓公众参与，不只是普通百姓的参与，也要有政府官员、水文地质专家、环保人士、地下水用户及企业代表等多样性成员的构成，要共同担负起地下水保护的重任。

（8）建议成立"国家地下水保护中心"。解放军某部的找水和打井专家李国安曾在《人民政协报》上呼吁成立"国家地下水保护中心"，他这个想法很好，是强化国家级地下水保护的管理力量，面对当前我国地下水保护薄弱的状态，加强专门机构的领导是十分必要的。

与世界各国相比，我国地下水保护机构还不完善，没有建立联网系统。面对地下水资源的流失，当形成地质灾害和大的生态环境问题时才能发现。如华北大平原的沧州地区因过度超采地下水出现大降落漏斗，沿海地区因超采出现严重的海水入侵后才知道问题的严重性，这显然是管理不到位的后果。一些存在污染威胁较大的工厂借着开发大西北的风，涌入西部地区，造成缺水地区地下水的严重污染，这是由事先没有得到有效的监控促成的。为了避免地下水管理失控带来灾难性的后果，打破区域界限，建立国家地下水资源保护中心势在必行，迫在眉睫。

国家地下水资源保护中心设立在水利部、国土资源部还是环境保护部，确实要仔细商榷。

它的主要任务应是：

1）对全国不同深度的管井进行动态联网监测；

2）建立地下水资源预警制度；

3）重新编制中国地下水水文地质图；

4）制定和完善地下水保护法；

5）为国家地下水资源的合理开发利用提供决策依据；

6）收集和整理世界及周边国家的水文地质资料。

（9）地下水的代谢与保护。我国水资源较少，被联合国列入12个贫水国家之一。当前人口的增加，经济的发展，水资源的污染，加剧了水资源的不足。特别是地下水的污染和不合理的利用越来越突出。水资源与人类生存、社会发展的关系，比其他自然资源更密切，影响更直接，水资源不足造成的后果，使目前困扰各地的环境问题更严重和难以治理。

水资源是一种可再生资源，它的特点是可恢复性、可调节性和可重复利用性，这也是水资源的三大功能。对地下水来说，这三个特点分别为地下水的补给、径流和排泄，可称为地下水的代谢。地下水代谢对水的合理利用与保护有重要意义，按代谢特征可分为正、负和平衡代谢三种状态。针对地下水的保护，对负代谢的研究较有意义，因为长期的负代谢状态（如超采）会引起水量减少、水质恶化。

（10）地下水保护与修复支付意愿。我国中原地带的华北大平原，以石家庄和沧州地区为主，近年来对地下水的利用出现严重亏空现象，到处存在超采问题。为了对地下水的保护和合理利用，必须采取一些修复措施。动用工程则需要大量资金，谁来买单是个问题。根据环境保护法规定"谁使用，谁付费"和"谁污染，谁保护"的原则，补偿付费主体为政府、企业和居民三大类。向城市居民收取地下水保护与修复费是资金的重要来源之一，这就产生了居民付费意愿的问题。但是在做好公众参与工作的前提下，这应该不是问题。

应用价值评估法（CVM）对石家庄市居民为改善地下水环境的支付意愿的调查结果是：在 400 份问卷（有效样本量为 385 份）中，大部分人愿意为改善地下水环境支付一定费用，但仍有 118 人表示不愿意支付（占 20% ~ 35% 之内）。居民的支付为 69.28 ~ 99.83 元/（年·户），取得了满意的效果。由此看来，加强公众参与制度是十分必要的。当居民知道保护地下水自己能受益后，他们肯定会买单的，所以要提高公众的环境保护意识。

6 我国将来对地下水资源保护与合理利用的对策

本书的第二～第五章节较详细的介绍了世界上发达国家和我国许多地方地下水保护工作的现状和所存在的问题，从而可以引出我国对地下水资源合理开发利用与保护的对策。

（1）建立和完善地下水资源管理机构、法规、观测网和监测站。在我国，地表水（大江和大河）由水利部专管，地下水过去作为地质资源由地质部专管，许多人搞不清地下水到底应该由谁来管，管理分工不明确。在法规方面，我国当前没有专门的地下水保护法，许多地方上的法规也需要尽快完善。

地下水保护观测网和监测站的建立是极其重要的工作，监测网站是地下水保护的眼睛，一切信息和指导方针要由它获得，故需要尽快建立和完善，以便形成全国联网。

有人建议成立"国家地下水保护中心"，这是值得考虑的大事。不管是什么名称，总之要尽快建立全国性的保护机构。

（2）盘点全国地下水的总资源量并合理划定地下水利用与保护的功能区。这是一项很重要的工作，因为世界上许多资料报道，地下水资源量比地表水资源量大许多倍，有的资料报道几乎大 100 倍。但是中国的情况怎样，没有见到详细数据。如果我国地下水的资源量也比地表水大许多倍，则更有合理开发利用的必要，因此应加强对严重污染的地表水的治理，使之得到缓解。

地下水功能区的划分也很重要，以山东省为实例，划分各个功能区后，按功能区特点进行保护，按需要对水资源进行配置。

（3）尽快杜绝城市、乡村排污（污水、垃圾和废物）对地下水的污染。城市发展规划要求尽快建立足够数量的城市污水处理厂、垃圾填埋场和焚烧厂，根除地下水的污染源。这是地下水保护的最基础工作，否则地下水污染问题不会从根本上得到解决。

（4）严格控制农业对地下水的污染。全世界到处都存在农业施肥，用农药和污水灌溉对地下水造成了严重污染。在这方面应借鉴德国的经验，以发展生态农业为原则。要控制施肥量，设法达到既要施肥，又不会出现地下水污染。农业污染问题不能解决，始终会存在对地表水和地下水的污染威胁。

（5）严格禁止采矿、地铁、隧道建设及地下贮罐对地下水的污染和侵害。

我国改革开放之前，大型金属矿山和煤矿的采矿对矿区地下水的破坏十分严重，当时人们没有保护地下水的意识，采矿要把矿区地下水全部疏干致使含水层枯竭。为了采矿安全，必需牺牲地下水资源，许多矿区都是如此。现在要立法杜绝这种现象的出现，采矿要有地下水保护许可证，否则禁采。地铁建设对地下水也会造成极大的损害，例如，成都市地铁建设为了方便大揭盖式的施工，把地铁布置在近地表最富水的砂砾石潜水含水层里，要在含水层疏干后施工，既挤占了含水层的储水空间，又浪费了大量地下水资源，使许多供水水源地废弃。北京市、上海市、广州市的地铁建设也都对地下水造成了侵害，这个问题的解决是个难题。

地下贮罐在我国以加油站的石油罐最多，也存在地下水污染风险，在这方面应作详细调查，对地下贮罐作堵漏处理。在美国地下贮罐是最严重的污染源。

（6）严格控制海水入侵。海水入侵是沿海地区普遍存在的问题。渤海湾沿岸和山东沿岸经常出现地下水污染问题，近年来，许多地区（如辽宁、山东）用限采、水源替代工程、三道红线的指标加以控制，取得了很好的治理效果。

（7）严格控制超采，避免以任何方式不合理的利用地下水资源。地下水超采是海水入侵的主要原因，也是地面沉降、地表开裂及形成区域性地下水降落漏斗的主要原因。不按总量控制用水、粗放的农业灌溉、地方任意打井都是超采的原因，故缺水的大西北地区超采现象更严重。如果加强管理，这是不难解决的问题。

（8）大力开展节约用水与水资源循环利用。人人都要节约用水，为水资源保护作贡献。特别是工业和农业的节约用水，其作用更大，更有潜力。发达国家生产一吨钢要用6t水，而我国部分钢厂要用20t。有的地区农业灌溉用水达80%以上，对水资源消耗太大。

要尽快采取节约用水措施。充分利用雨水和中水对水资源的合理配置，可以大大节约地下水。

（9）发展远程供水工程，使地下水最优化的用于饮用水供应。有的地区地下水量充足而且水质好，例如西北地区的酒泉西和酒泉东盆地的地下水，是大西北的地下水宝库，要充分用于解决饮用水的供应，可以用远程供水的方式输送给严重缺水的地区。

（10）要以河流域为单元进行地下水保护，地下水水源地要按保护带保护。地下水和地表水一样要按流域为单元进行保护，这是欧盟等国对地下水保护的成熟经验。大河可以划分出大的流域单元，地区小河可划分出小的单元，大的流域单元可能会出现跨地区（或跨国）管理问题。

地下水水源地一定要划分各种保护带，并在地表标有明确标志，还要有严格的规定。这是地下水水源地最好的地下水保护方式，但我们国家在这方面做得还不够，需尽快完善。

（11）地下水保护与公众参与制度。在地下水保护方面，公众参与是很重要的，公众即地下水的使用者，也应该是保护者。在环境保护法里已列入了公众参与制度，但在地下水保护中强调得还不够，地下水保护和合理利用应在公众积极参与下实现。故在地下水保护方法中要把公众参与放到重要位置，在公众参与制度上，公众有信息知情权、环境监督权和发表意见权。

（12）增强含水层上覆盖层的保护作用。含水层上的覆盖层在水文地质学里称为包气带，地下水之所以有良好的水质，主要是因为包气带对入渗水的过滤、分解和吸附作用，当水进入含水层时已是水质良好的水，故包气带厚度越大、组分颗粒越细，对地下水保护作用越大。在中国，这方面被严重忽视，特别是一些建筑工程活动，使上覆地层变薄导致地下水污染。国外对此很重视，采取许多措施和规定保护覆盖层，从而加强了对地下水的保护。

（13）利用价格体系控制地下水的合理利用。国家要协助地方制定出合理的用水价格标准，至少要制定出饮用水、工业用水和农业用水在不同地区的不同价格，利用价格体系控制地下水的开采和使用，特别要对地下水超采和水利用浪费部门用水价进行严格控制，对节水和对地下水保护有贡献的部门在水价上给予优惠。

（14）国家级的地下水保护部门要组织地方不断总结地下水保护经验。要定期召开全国性的地下水合理利用与保护的学术交流会，汇集全国各地方的工作经验，以便解决地下水长期利用和保护中的难题和产生的新问题。

（15）大力开展宣传教育使公众增强地下水保护意识。

1）利用媒体（电视、报纸、互联网）介绍有关地下水的基本知识、地下水的合理使用和保护方面的知识和国内外的突出的保护实例。

2）将地下水的基本知识纳入到中小学课本里，让孩子们从小就知道地下水的宝贵，我们离不开它，必须保护它。加快培养高级技术人员，增强专业力量。

3）国家级地下水保护机构要定期组织技术人员编制全国和地方的地下水资源保护图集，编写著作，发表高水准的论文。加快我国进入世界地下水合理利用与保护先进行列的步伐。

上述 15 项对地下水保护与合理利用的对策，经实践考验后，将会成为我国地下水管理工作的行动纲领。任何赋存条件的地下水在保护与合理利用中出现的问题，都可以在这 15 项对策中找到相应的解决方案，从而使我国地下水的保护工作取得丰硕成果。

参 考 文 献

[1] 锦州市环境科学研究所，中国环境科学研究院．锦州市地下水水源地保护带合理划分与污染控制技术研究 [R]．1999.

[2] 甘肃地发工程勘察院．水源地地下水资源勘查评价概况 [R]．2003.

[3] Grundwasser der Unsichtbare Schatz, Bayerisches Landesamt tür Wasserwirtschaft, 2004（赫英臣，译．地下水是看不见的宝藏．德国巴伐利亚州水经济局编印）.

[4] 联合国环境规划署．全球环境展望 [M]．北京：中国环境科学出版社，2002.

[5] 联合国环境规划署．全球环境展望 [M]．北京：中国环境科学出版社，2008.

[6] 孟伟，赫英臣，等．废物资源化与安全处置技术概论 [M]．北京：中国环境科学出版社，2005.

[7] M. Grambow. 水资源综合管理 [M]．赫英臣，等译．北京：中国环境科学出版社，2010.

[8] 王玲．石家庄市居民对城市地下水保护与修复支付意愿的研究 [J]．资源与产业，2012（4）.

[9] 钱家忠，朱学愚，等．地下水代谢与水资源保护 [J]．工程勘察，2000（4）.

[10] 李国安．建议成立"国家地下水保护中心" [N]．人民政协报，2004 – 03 – 01.

[11] 魏钰洁，左其亭，等．基于"三条红域"的海水入侵区地下水保护体系 [J]．南水北调与水利科技，2012（4）.

[12] 李瑜，王西文，等．山东省地下水开发利用与保护方案探讨 [J]．地下水，2009（11）.

[13] 杨凤山，李昱．辽宁省地下水保护主要工程措施 [J]．吉林水利，2007（3）.

[14] 王新烨．论地下水资源保护中的公众参与制度 [J]．胜利油田党校学报，2011（11）.

[15] 赫英臣，龚斌，等．矿区浅层地下水污染机理探讨 [J]．中国安全科学学报，2007（5）.

[16] 胡娟，丁国梁，等．浅淡阜康市地下水资源利用与保护修复措施 [J]．地下水，2011（11）.

[17] 邹慧玲．抚州市地下水保护与合理利用 [J]．黑龙江水利科技，2009（1）.

[18] 张小娟，王亚锋，等．许昌市地下水保护行动计划探讨 [J]．河南水利，2005（9）.

[19] 粤水轩．广东省印发规划划定地下水开发利用红线 [N]．中国水利报，2011（4）.

[20] [德] H. 科布斯．地下水管理问题 [N]．郑丰，译．水利水电快报，1998（7）.

[21] [苏联] F. H. 根捷节利，等．解决地下水保护问题的水文地质勘测和设计经验 [N]．袁再武，译．The Miner New paper，1984（7）.

[22] 李景光．英国地下水保护工作 [R]．驻英国大使馆科技处.

[23] 金川相．欧盟地面、地下水保护管理的法规框架建议简介 [J]．全球科技经济瞭望，1997（8）.

[24] 锦州市环境科学研究院．锦州市饮用水水源地现状调查报告 [R]．2007（10）.

冶金工业出版社部分图书推荐

书 名	作 者	定价(元)
冶金企业污染土壤和地下水整治与修复	孙英杰	29.00
冶金矿山地质技术管理手册	中冶矿企协办	58.00
矿山地质手册（上册）	本书编委会	75.00
矿山地质手册（下册）	本书编委会	85.00
环境地质学	陈余道	28.00
旅游地质资源与人地关系耦合	骆华松	22.00
岩溶旅游地质	黄楚兴	45.00
滇西北旅游地质文化	李 伟	18.00
旅游地生态地质环境	范 弢	25.00
地质灾害治理工程设计	门玉明	65.00
二十一世纪矿山地质学新进展	李广武	120.00
中国实用矿山地质学（上）	汪贻水	115.00
中国实用矿山地质学（下）	彭 觥	145.00
环境污染控制工程	王守信	49.00
土壤污染退化与防治	孙英杰	36.00

——粮食安全，民之大幸